磨笔画语

——云南财经大学现代设计艺术学院
环境设计专业学生手绘作品展

陈东博　编著

云南出版集团

云南人民出版社

图书在版编目（CIP）数据

磨笔画语：云南财经大学现代设计艺术学院环境设
计专业学生手绘作品展 / 陈东博编著 . -- 昆明：云南
人民出版社，2020.7
ISBN 978-7-222-19417-5

Ⅰ . ①磨⋯ Ⅱ . ①陈⋯ Ⅲ . ①环境设计—作品集—中
国—现代 Ⅳ . ① TU-856

中国版本图书馆 CIP 数据核字（2020）第 116830 号

责任编辑：赵　红
装帧设计：李　昱
责任校对：任　娜
责任印制：代隆参

磨笔画语
——云南财经大学现代设计艺术学院环境设计专业学生手绘作品展
MOBI HUAYU——YUNNAN CAIJING DAXUE XIANDAI SHEJI YISHU XUEYUAN HUANJING SHEJI ZHUANYE XUESHENG SHOUHUI ZUOPINZHAN
陈东博　编著

出　版　云南出版集团　云南人民出版社
发　行　云南人民出版社
社　址　昆明市环城西路609号
邮　编　650034
网　址　www.ynpph.com.cn
E-mail　ynrms@sina.com
开　本　787mm×1092mm　1/16
印　张　21
字　数　360千
版　次　2020年7月第1版第1次印刷
印　刷　云南天彩印务包装有限公司
书　号　ISBN 978-7-222-19417-5
定　价　78.00元

云南人民出版社微信公众号

如需购买图书、反馈意见，请与我社联系

总编室：0871-64109126　发行部：0871-64108507　审校部：0871-64164626　印制部：0871-64191534

序 言

    本书主要展现的是来自云南财经大学现代设计艺术学院 2008 级至 2018 级环境设计专业学生们的手绘代表作，共计三百多幅作品。书籍内容主要涉及钢笔黑白灰描磨画、钢笔黑白灰临绘画、钢笔黑白灰写生画（校园写生、美丽乡村建设写生、昆明胜利堂历史街区和东西寺塔历史街区写生）、马克笔黑白灰单色表现作品、马克笔教学实践作品（马克笔景观改造示意图表现、马克笔室内与建筑景观的临绘实践、马克笔快题方案表现）以及马克笔写生表现作品（新文明街历史街区写生、翠湖写生、昆明陆军讲武堂写生、云南大学写生）的手绘表现技法和教学实践的心得。

    这里面，每一幅作品和每一次的磨笔代表作都记录了学生从慢写到速写、最后到快题表现阶段的点滴累积，以及厚积薄发的成长和努力。学生们运用形式美原则来修改和完善线条，优化处理每一个视觉中心的虚实与对比，衬托表现结构黑白灰的明暗关系与细节的内容，强调空间的进深关系、构图、透视，灵活应用房屋建筑制图规范与标准（GB）进行专题快题表现，这些基本功的磨炼都为学生步入社会和在专业设计领域打下了坚固的基础。

    环境设计专业的学生，在大学四年的专业学习过程中，要注重培养个人的手绘基本功和画面的构图表现技巧、处理技巧等各种能力的训练，因为手绘基本功是学习其他专业课程的前提和奠基，这种手绘草图与笔记、摄影、录像、录音的作用是一样的，在我们最初方案设计之始、资料调研阶段、现场的实地勘察阶段以及设计理念的梳理与归纳阶段等等，草图起到巩固思维和视觉的记忆作用，能

够让学生通过空间冥想、冥想空间的设计方法，将区段空间路线当中的各个功能空间、交通流线的关系、空间尺度的大小以及前后左右的方位关系、位置关系、家具摆放关系等具体、快速地表达出来。因此，我们说手绘草图是我们设计师整理现场环境资料、表达设计理念、表达空间设计造型、表达方案设计内容的最直接的"第一视觉语言"。同时，手绘草图还可以把头脑中最初比较游离、松散的设计概念，用具体的、可见的泡泡图、各种视图（平、立、剖、透视图）快速表达出来，再通过进一步方案思考、细化和综合，将不成熟的设计构思愈发地深入、完善与成熟起来，让设计内容的精细程度越来越高。

在课题教学实践当中，首先，老师会通过慢写再到速写的过程，培养学生的专业细心度、忍耐力以及面对失败锲而不舍的专业态度等等，比如，钢笔素描拷贝、钢笔素描的描摹与磨笔、钢笔素描的临绘和写生等，让学生掌握钢笔线条的形式美法则和构图的处理技巧的关系，目的是让线条与线条之间呈现出一种有重复、有节奏和有韵律的美学感受，让人看了之后有一种心旷神怡的、舒服的"视觉享受"；其次，要注重物体的主光感、体积感以及阴影的表现（以亮部烘托暗部调子，同样以暗部衬托亮部，但同时也要定位主光源的正确方向），展现物体细腻的质感和材质纹理，通过三大面、五大调子的关系强调、刻画以突出物体与物体之间的体积与质感的不同对比关系；再次，每一个结构细节、阴影细节的表现都不放过，都要用组线条的方式把专业表现的细致性表达出来，每一根线条的落笔、运笔和收笔，每一根线条的来龙去脉关系都表达得非常清楚，比如：哪一根线条落在哪一个结构线上面，哪一个面是反光面，哪一个棱是面与面的结构转折线，浅深浅的渐变面是如何画出来的，思考依据又是什么等等；最后，画面的构图、画面空间的进深以及画面空间紧凑性的处理、空间虚与实的对比关系处理等等，都需要花费长时间的刻苦训练与练习，画前要认真思考与分析，反反复复地进行临摹与记忆，最终才能够达到默画的学习效果或程度，达到手绘教学的目的。

图 0-1 美丽乡村民居

（图片来源：云南财经大学现代设计艺术学院冯黎金老师　拍摄）

图 0-2 美丽乡村建设写生作品

（图片来源：陈东博　绘）

　　此外，还要锻炼学生的空间理解与构想能力，以及学生对于平面二维空间与三维空间之间的相互转换与互推的能力。主要是通过对照片进行全面的分析，来理解空间的透视关系和平面图、立面图、剖面图的关系，即由照片效果图反推出空间平面图、立面图等，锻炼空间构想和冥想能力；或者是根据原始建筑平面图和项目要求进行快题方案的设计与表现（见图 0-2），具体内容如下：平面图绘制 ↔ 空间分析与理解 ↔ 空间尺度计算与分析（构筑物结构、家具、设备设施、通道等）↔ 顶棚天花图绘制 ↔ 立面图（剖）绘制 ↔ 空间构架草图分析 ↔ 透视效果图绘制 ↔ 整体调整（POP 字体分析和排版）等。

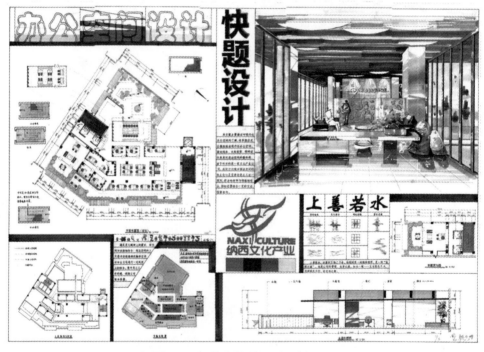

图 0-3　学生的快题表现作品

（图片来源：云南财经大学现代设计艺术学院环境 17-1 李婧文　绘）

　　作为初级设计师，需要不断地完善与丰富自己的设计素材库。比如，记录性草图就是一种很好的记录手段与工具。作为一种图形笔记，它源于生活中的一些随笔和一些日常观察、体验并且随时勾画和记录迸发的灵感火花，通过日积月累逐渐形成自己的资料库。因此笔者建议每个学生，准备一个 210mm×148mm 大小的专用手绘本,把日常手绘表达的错误、观察的事物结构与细节、光影、设计灵感、城市等通过不同的线条、符号、色彩等记录下来(见图 0-3)。设计素材库的累积能够培养初级设计师敏锐的空间感受力与想象力。

图 0-4　学生的写生作品

(图片来源:云南财经大学现代设计艺术学院环境 17-2 蒋水仙　绘)

衷心地希望,以上的学习建议能够帮助到每一位环境设计专业的学生,让他们受到相应的启发。这本《磨笔画语——云南财经大学现代设计艺术学院环境设计专业学生手绘作品展》的出版,见证了也记录了从 2008 级到 2018 级 10 届优秀学生的手绘作品集,或者说更是一场作品展、作品大餐、作品盛宴,记录了云南财经大学领导和系主任对于学生在大一、大二专业基本功和技术层面水平的重视程度。今后,这样的作品展系列书籍,还会继续出版下去,记录更多的追逐梦想、实现专业理想的学生作品。

陈东博

云南财经大学

2020 年 1 月 1 日

目　录

第一章　钢笔素描表现 ……………………………………………………… 1

　　第一节　钢笔黑白灰描摹 ……………………………………………… 1

　　第二节　钢笔黑白灰临绘 ……………………………………………… 53

第二章　钢笔写生表现 ……………………………………………………… 64

　　第一节　校园写生 ……………………………………………………… 64

　　第二节　美丽乡村建设写生 …………………………………………… 73

　　第三节　昆明胜利堂和甬道历史老街写生 …………………………… 102

　　第四节　昆明东西寺塔、近日楼写生 ………………………………… 125

第三章　马克笔基础色彩表现 …………………………………………… 141

　　第一节　马克笔黑白灰色彩表现 ……………………………………… 141

　　第二节　马克笔建筑与室内课题的临绘表现 ………………………… 153

第四章　马克笔写生表现 ………………………………………………… 225

　　第一节　新文明街历史街区写生作品 ………………………………… 225

　　第二节　云南大学写生作品 …………………………………………… 247

　　第三节　翠湖写生作品 ………………………………………………… 263

第四节 昆明陆军讲武堂写生 ·························· 265

第五节 昆明动植物博物馆写生 ························ 266

第五章 马克笔教学实践 ······························ 273

第一节 马克笔景观改造示意图表现 ···················· 273

第二节 马克笔快题方案表现 ·························· 285

附 录 ·· 313

快题表现需要掌握的制图规范 GB 知识点 ·············· 313

参考文献 ·· 325

第一章　钢笔素描表现

第一节　钢笔黑白灰描摹

手绘初学者在最初学习钢笔素描绘画的时候，很难掌握和处理画面当中物体与物体之间的关系、画面的艺术化构图、物体的黑白灰明暗关系、空间的进深层次关系、空间紧凑型处理等手绘技巧和方法，这时可以采用钢笔描摹的画法，即在手绘学习的初期可以采取硫酸纸、拷贝纸覆盖在照片或图片上面，通过拷贝板对建筑结构、造型细节、明暗关系等要素进行描线、排线（黑白灰调子的明暗排线）、多样化线条组合与排列（直线、弧线、圆曲线、w 线、m 线、n 线、"几"字形线多样化综合运用）的拷贝式描摹练习。

描摹画可以锻炼学生的排线能力、线条的"形式美"原则的运用能力，同时在练习排列线条的过程当中，也可以磨炼初学者的耐心、细心以及培养吃苦耐劳的专业品质。

一般建议初学者购买 0.05 号、0.1 号的针管笔（贮水针管笔和一次性针管笔均可）和黑色草图笔等来练习描摹画。如果前期手绘基础薄弱，可以在描摹阶段练习之前进行基础拷贝练习，即采用透明的、薄薄的拷贝纸拷贝优秀的钢笔画作品。通过循序渐进的方法，让初学者找到绘画线条的手感与自信。

本章节共遴选出 60 幅优秀学生作品，欣赏借鉴如下。

图 1-1　钢笔描摹作品

（图片来源：云南财经大学现代设计艺术学院环境 08 级雷景林　绘）

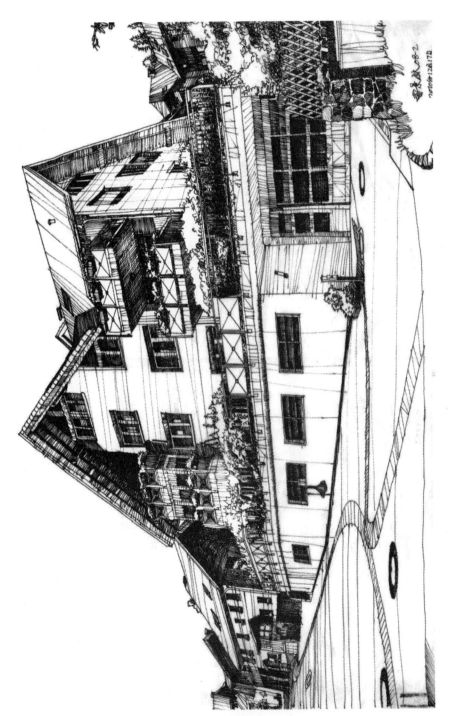

图 1-2　钢笔描摹作品

（图片来源：云南财经大学现代设计艺术学院环境 08 级雷景林　绘）

图1-3 钢笔描摹作品

（图片来源：云南财经大学现代设计艺术学院环境08级雷景林 绘）

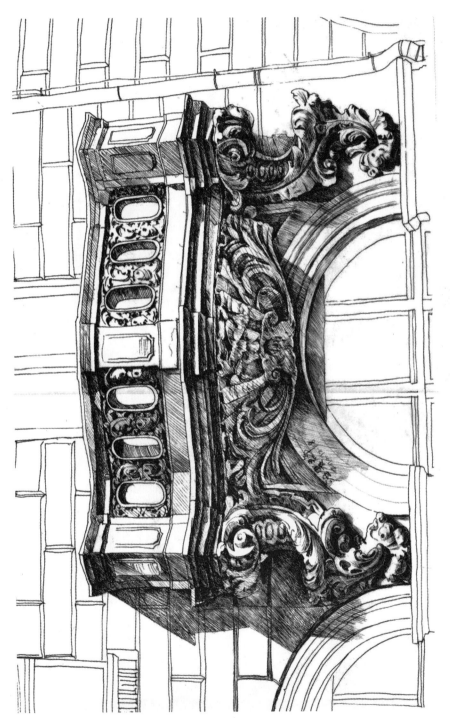

图1-4 钢笔描摹作品

（图片来源：云南财经大学现代设计艺术学院环境08级汪赛群 绘）

图 1-5　钢笔描摹作品

（图片来源：云南财经大学现代设计艺术学院环境 13-1 卢红　绘）

图 1-6 钢笔描摹作品

（图片来源：云南财经大学现代设计艺术学院环境 13-1 卢红 绘）

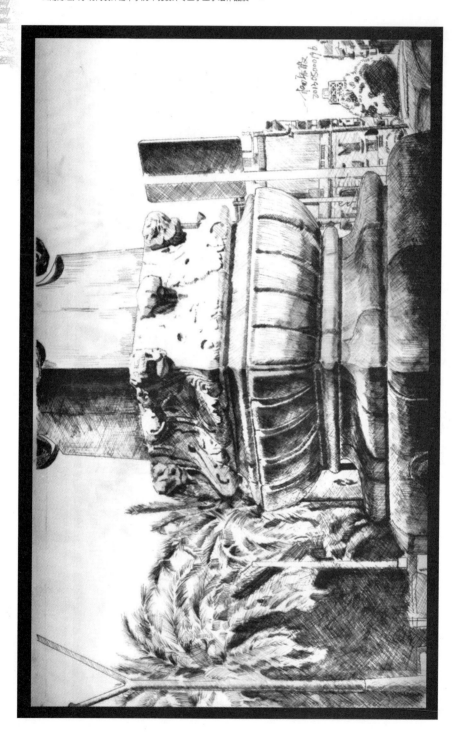

图 1-7 钢笔描摹作品

（图片来源：云南财经大学现代设计艺术学院环境 13-1 杨宏波 绘）

图 1-8 钢笔描摹作品

（图片来源：云南财经大学现代设计艺术学院环境 13-1 阿山 绘）

图 1-9 钢笔描摹作品

（图片来源：云南财经大学现代设计艺术学院环境 14-1 柏舸 绘）

图 1-10 钢笔描摹作品

（图片来源：云南财经大学现代设计艺术学院环境 14-1 秦佩玲 绘）

图 1-11　钢笔描摹作品

（图片来源：云南财经大学现代设计艺术学院环境 14-1 尹瑞宁　绘）

图 1-12 钢笔描摹作品

（图片来源：云南财经大学现代设计艺术学院环境 14-1 赵欢 绘）

图 1-13　钢笔描摹作品

（图片来源：云南财经大学现代设计艺术学院环境 14-1 彭双　绘）

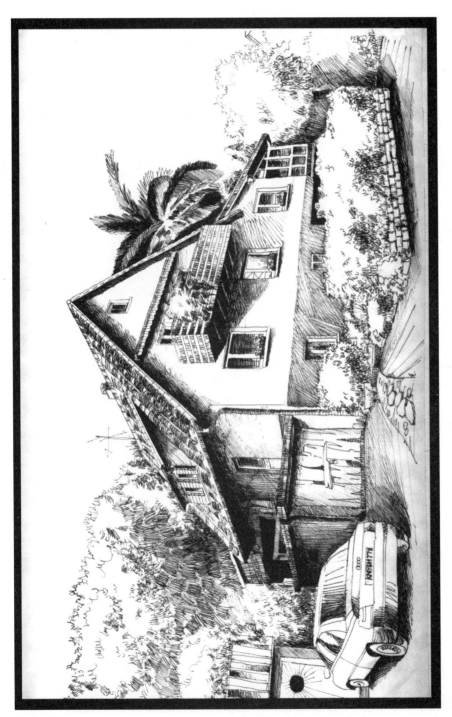

图 1-14 钢笔描摹作品

（图片来源：云南财经大学现代设计艺术学院环境 14-1 张歆舒 绘）

图 1-15 钢笔描摹作品

（图片来源：云南财经大学现代设计艺术学院环境 18-1 陈雯玉 绘）

图 1-16　钢笔描摹作品

（图片来源：云南财经大学现代设计艺术学院环境 18-1 但国玲　绘）

图 1-17　钢笔描摹作品

（图片来源：云南财经大学现代设计艺术学院环境 18-1 但国玲　绘）

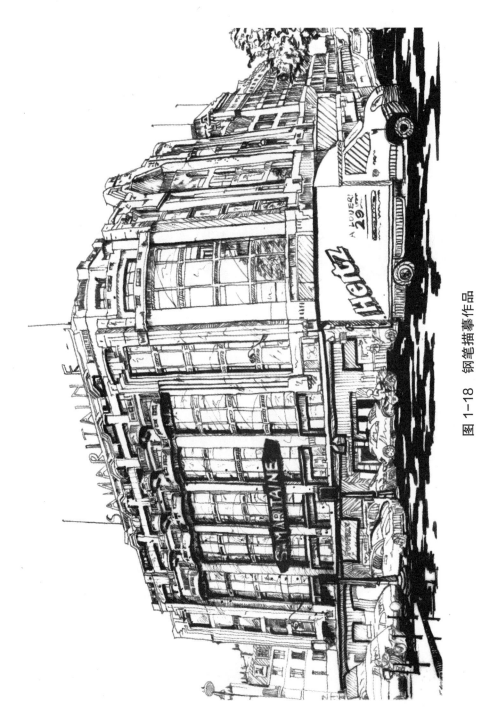

图1-18　钢笔描摹作品

（图片来源：云南财经大学现代设计艺术学院环境18-1 童晏伶　绘）

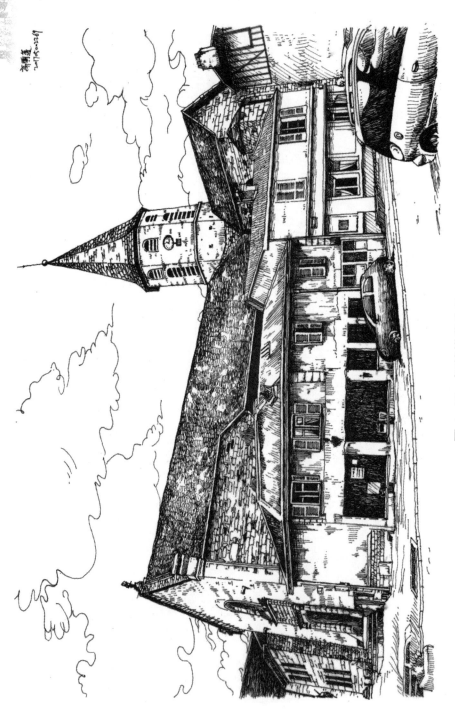

图 1-19 钢笔描摹作品

（图片来源：云南财经大学现代设计艺术学院环境 18-1 高雪莲　绘）

图 1-20　钢笔描摹作品

（图片来源：云南财经大学现代设计艺术学院环境 18-1 高雪莲　绘）

图 1-21　钢笔描摹作品

（图片来源：云南财经大学现代设计艺术学院环境 18-1 何睿　绘）

图 1-22　钢笔描摹作品

（图片来源：云南财经大学现代设计艺术学院环境 18-1 李婷　绘）

图 1-23　钢笔描摹作品

（图片来源：云南财经大学现代设计艺术学院环境 18-1 卢旭　绘）

图 1-24　钢笔描摹作品

（图片来源：云南财经大学现代设计艺术学院环境 18-1 邱紫玥　绘）

图 1-25　钢笔描摹作品

（图片来源：云南财经大学现代设计艺术学院环境 18-1 唐钰淇　绘）

图1-26　钢笔描摹作品

（图片来源：云南财经大学现代设计艺术学院环境18-1唐钰洪　绘）

图 1-27 钢笔描摹作品

（图片来源：云南财经大学现代设计艺术学院环境 18-1 唐钰淇　绘）

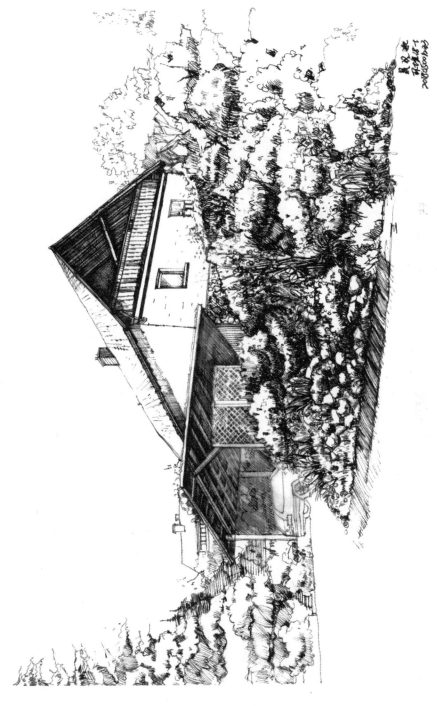

图 1-28　钢笔描摹作品

（图片来源：云南财经大学现代设计艺术学院环境 18-1 吴汉冰　绘）

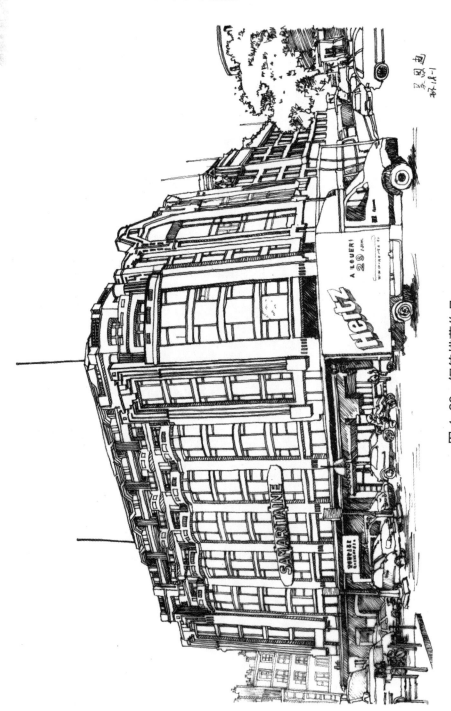

图 1-29 钢笔描摹作品

（图片来源：云南财经大学现代设计艺术学院环境 18-1 吴思迪 绘）

图 1-30 钢笔描摹作品

（图片来源：云南财经大学现代设计艺术学院环境 18-1 杨舒涵 绘）

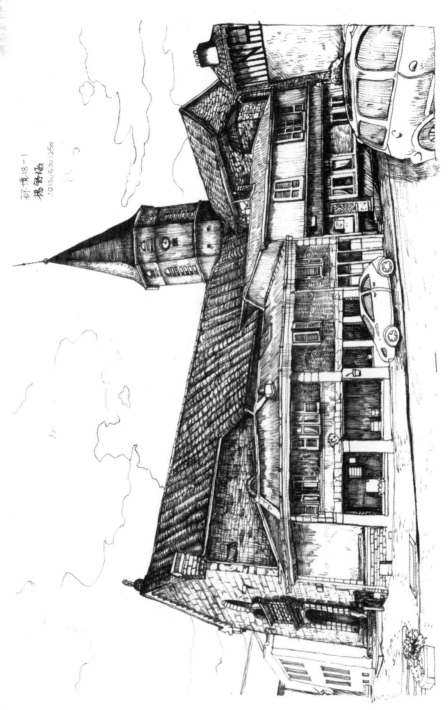

图1-31 钢笔描摹作品

（图片来源：云南财经大学现代设计艺术学院环境18-1 杨舒涵 绘）

图 1-32 钢笔描摹作品

（图片来源：云南财经大学现代设计艺术学院环境 18-1 尹冬梅 绘）

图 1-33　钢笔描摹作品

（图片来源：云南财经大学现代设计艺术学院环境 18-1 尹冬梅 绘）

图 1-34　钢笔描摹作品
（图片来源：云南财经大学现代设计艺术学院环境 18-1 张桂睿　绘）

图 1-35　钢笔描摹作品

（图片来源：云南财经大学现代设计艺术学院环境 18-1 张桂睿　绘）

图 1-36 钢笔描摹作品

（图片来源：云南财经大学现代设计艺术学院环境 18-2 安舟 绘）

图 1-37 钢笔描摹作品

（图片来源：云南财经大学现代设计艺术学院环境 18-2 安冉 绘）

图 1-38 钢笔描摹作品

（图片来源：云南财经大学现代设计艺术学院环境 18-2 陈靖波 绘）

图 1-39　钢笔描摹作品

（图片来源：云南财经大学现代设计艺术学院环境 18-2 陈莹　绘）

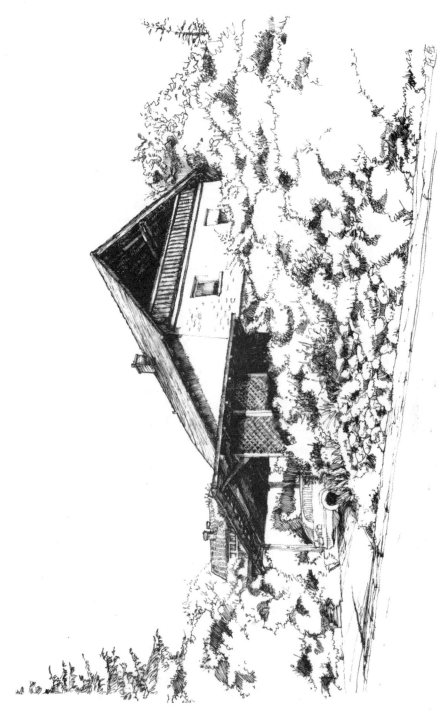

图 1-40　钢笔描摹作品

（图片来源：云南财经大学现代设计艺术学院环境 18-2 陈莹　绘）

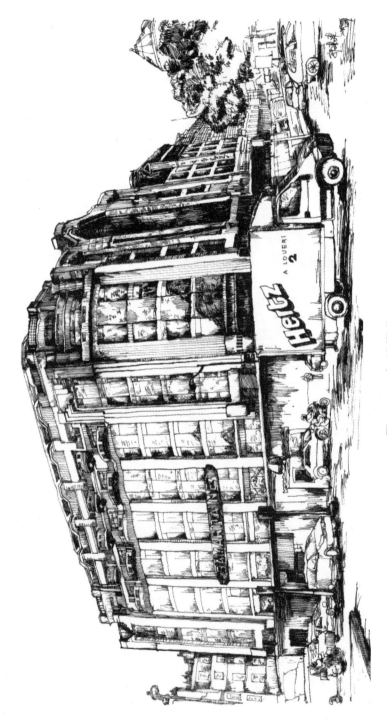

图 1-41 钢笔描摹作品

（图片来源：云南财经大学现代设计艺术学院环境 18-2 郭建建 绘）

图 1-42　钢笔描摹作品
（图片来源：云南财经大学现代设计艺术学院环境 18-2 骆宇帆　绘）

图 1-43 钢笔描摹作品

（图片来源：云南财经大学现代设计艺术学院环境 18-2 路宇帆 绘）

图 1-44　钢笔描摹作品

（图片来源：云南财经大学现代设计艺术学院环境 18-2 普龙妹　绘）

图 1-45 钢笔描摹作品

（图片来源：云南财经大学现代设计艺术学院环境 18-2 王林芳 绘）

图 1-46　钢笔描摹作品

（图片来源：云南财经大学现代设计艺术学院环境 18-2 王林芳　绘）

磨笔画语

——云南财经大学现代设计艺术学院环境设计专业学生手绘作品展

图 1-47　钢笔描摹作品

（图片来源：云南财经大学现代设计艺术学院环境 18-2 张惠钦　绘）

图 1-48　钢笔描摹作品

（图片来源：云南财经大学现代设计艺术学院环境 18-2 张中媛　绘）

图 1-49 钢笔描摹作品

（图片来源：云南财经大学现代设计艺术学院环境 18-2 张 中 媛　绘）

图 1-50　钢笔描摹作品

（图片来源：云南财经大学现代设计艺术学院环境 18-2 朱雅馨　绘）

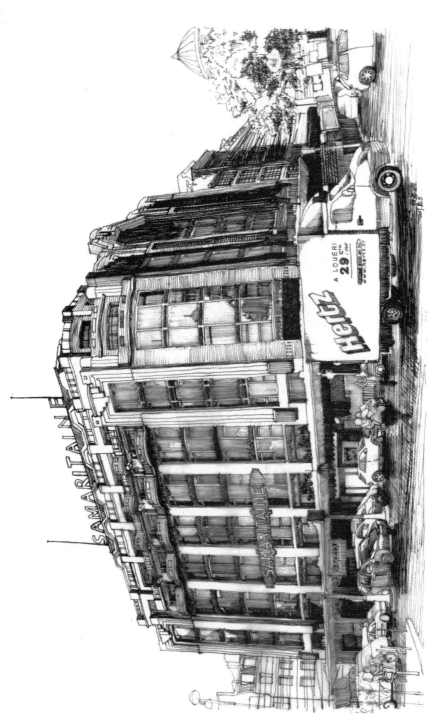

图1-51 钢笔描摹作品

（图片来源：云南财经大学现代设计艺术学院环境18-2祝敏皓 绘）

第二节　钢笔黑白灰临绘

一、临绘的概念

临绘是手绘者对照写生的照片、图片或对照已经拍摄好的照片或者图片，运用一定构图的排列与形式技巧，采用"形式美"原则来处理线条和线条之间的关系，或按照结构来排列线条（或按照透视关系来排线），目的是集中突显画面的视觉中心位置的物体，同时还要把照片或图片中的主题空间氛围表现出来的一种绘画方法。

二、临绘的画法

临绘的画法是对照已经拍摄好的照片或者图片，运用合理化艺术化构图、黑白灰明暗关系、画面当中的"近中远"空间进深层次关系、空间紧凑处理等技巧手法，把照片或图片当中的空间场景，跃然于绘图纸上。

三、临绘时选取的工具技巧

建议初学者可以选择 100g 及以上的纸张进行临绘阶段的练习。另外，绘图纸的颜色有米黄色、纯白色的差别，米黄色的绘图纸可以使画面增添怀旧和厚重的质感，所以基础薄弱的学生可以尝试选择米黄色的绘图纸，为自己的手绘表现效果添砖加瓦。

四、学生掌握临绘知识点的难度分析

临绘是教学设计和手绘表现当中的知识重点和难点。

学生脱离临摹绘本和教材，面对照片和图片，常常是无从下笔，不知如何表现。

根据教学经验，针对学生的作业效果和手绘情况，现对临绘知识点进行技术难度分析，具体内容如下：

（1）需要学生有前期构图的思考、有详细内容和光影结构的策划，目的是：达到最佳的、优化的图纸方案或者图纸内容。

（2）学生再次回归铅笔草稿，打稿过程中消耗时间比较长，导致自信心受挫，耐心、认真程度会减半，另外图纸反复被橡皮擦磨导致不光滑，上色可能会出现晕染现象，导致画面不整洁、不干净。

（3）学生不会灵活运用"形式美"原则来表现场景。

常用的"形式美"原则是节奏与韵律、对称与均衡、主从与重点、比例与尺度、黄金分割比率、渗透与层次、质感与肌理、调和与对比、变化与统一、空白与虚实等。形式美原则除了指导构图设计、空间设计和内容设计等之外，也常常运用到修图和改图当中。示范表现图如下：

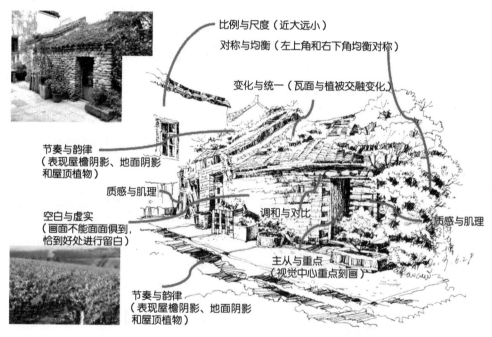

图 1-52　形式美原则在临绘表现中的运用

（图片来源：陈东博　绘）

（4）学生不懂构图的排列与形式，并且不会灵活运用。

常见的构图有：S构图、Z构图、不等边三角形构图、⊥构图、⌐构图、○构图、十字构图、米字构图、–|–构图（画面左右紧凑型构图）等。

（5）临绘乡村题材的照片时（也包括第二章的钢笔黑白写生），学生常常把临绘和写生的主题空间氛围表达得非常模糊，并且不会表现人物、生产农具等细节，如：

第一，人群、社群的特征不会表达。

第二，生产、生活的农具素材累积不够。常见素材有：石磨、锄头、耕犁、柴火堆、木桩、筐、扫把等。

第三，建筑材料素材累积不够。常见素材有：瓦、水泥、砖、钢筋等。建议加入植物、地被、灌木和藤本以及树荫、树影，融入其中来表达建设场景。

第四，鸡、鸭、牛的添加与表现薄弱，平时缺少观察。

第五，交通工具的表现薄弱，常见车辆素材累积不够。交通工具有：面包车、三轮车、摩托车、拖拉机、牛车、马车、电瓶车等。

本节遴选出9幅优秀学生作品，欣赏借鉴如下。

图 1-53 室外临绘作品

（图片来源：云南财经大学现代设计艺术学院环境 09-1 许成绪 绘）

图 1-54　室外临绘小品作品

（图片来源：云南财经大学现代设计艺术学院环境 11-1 张琴　绘）

图 1-55 室外临绘作品

（图片来源：云南财经大学现代设计艺术学院环境 11-2 杨瑞保 绘）

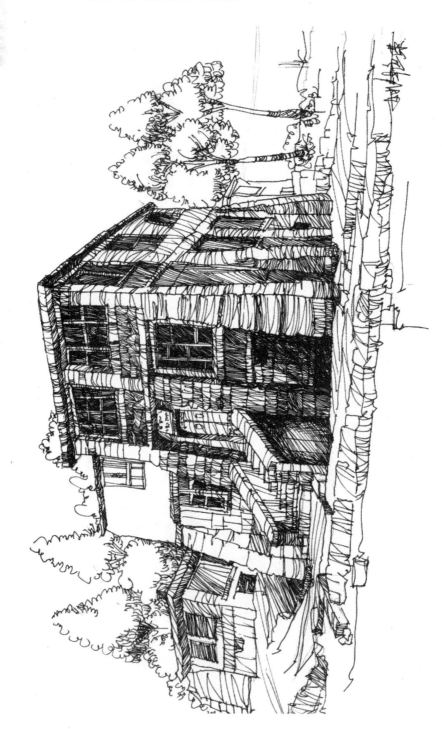

图 1-56　室外临绘作品

（图片来源：云南财经大学现代设计艺术学院环境 11-2 姚艳荣　绘）

图 1-57 室外临绘作品

（图片来源：云南财经大学现代设计艺术学院环境 13-1 阿山 绘）

图 1-58 室外临绘作品

（图片来源：云南财经大学现代设计艺术学院环境 13-1 曾莹 绘）

图 1-59　室外临绘作品

（图片来源：云南财经大学现代设计艺术学院环境 13-1 曾莹　绘）

图 1-60 室外临绘作品

（图片来源：云南财经大学现代设计艺术学院环境 13-1 任春霖 绘）

图 1-61 室内临绘作品

（图片来源：云南财经大学现代设计艺术学院环境 14-1 吴小康 绘）

第二章 钢笔写生表现

写生的原则是"艺术源于生活，而高于生活"。

初学者在外出采风、写生的时候，要注意以下手绘技巧：选景角度的选择、透视关系的表现、构图处理、视觉中心处理、物体间前后关系和空间进深关系的处理、画面空间紧凑性的处理、线条表现、明暗关系等。

以下遴选出79幅优秀学生写生作品，欣赏借鉴如下。

第一节 校园写生

图2-1云南财经大学校园写生作品

（图片来源：云南财经大学现代设计艺术学院环境13-1王亚洁 绘）

图2-2 云南财经大学校园写生作品

（图片来源：云南财经大学现代设计艺术学院环境13-1 阿山 绘）

图2-3 云南财经大学校园写生作品

（图片来源：云南财经大学现代设计艺术学院环境13-1 韩永梅 绘）

图 2-4　云南财经大学校园写生作品

（图片来源：云南财经大学现代设计艺术学院环境 13-1 韩永梅　绘）

图 2-5　云南财经大学校园写生作品

（图片来源：云南财经大学现代设计艺术学院环境 13-1 王越　绘）

图 2-6 云南财经大学校园写生作品

（图片来源：云南财经大学现代设计艺术学院环境 13-1 王越 绘）

图 2-7 云南财经大学校园写生作品

（图片来源：云南财经大学现代设计艺术学院环境 13-1 许磊 绘）

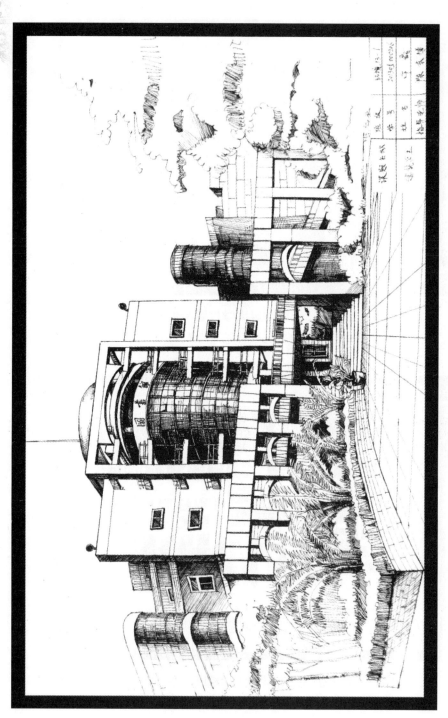

图 2-8　云南财经大学校园写生作品

（图片来源：云南财经大学现代设计艺术学院环境 13-1 许磊　绘）

图2-9　云南大学校园写生作品

（图片来源：云南财经大学现代设计艺术学院环境14-1 柏舸　绘）

图 2-10　云南大学校园写生作品
（图片来源：云南财经大学现代设计艺术学院环境 14-1 曲怡　绘）

图 2-11　云南大学校园写生作品
（图片来源：云南财经大学现代设计艺术学院环境 14-1 左润东　绘）

图 2-12 云南大学校园写生作品

（图片来源：云南财经大学现代设计艺术学院环境 14-1 左润东 绘）

第二节　美丽乡村建设写生

图 2-13　云南乡村写生作品

（图片来源：云南财经大学现代设计艺术学院陈东博　绘）

图 2-14 云南美丽乡村建设写生作品

（图片来源：云南财经大学现代设计艺术学院陈东博 绘）

图 2-15　云南美丽乡村建设写生作品

（图片来源：云南财经大学现代设计艺术学院陈东博　绘）

图 2-16 云南美丽乡村建设写生作品

（图片来源：云南财经大学现代设计艺术学院陈东博 绘）

图 2-17 云南美丽乡村建设写生作品

（图片来源：云南财经大学现代设计艺术学院陈东博 绘）

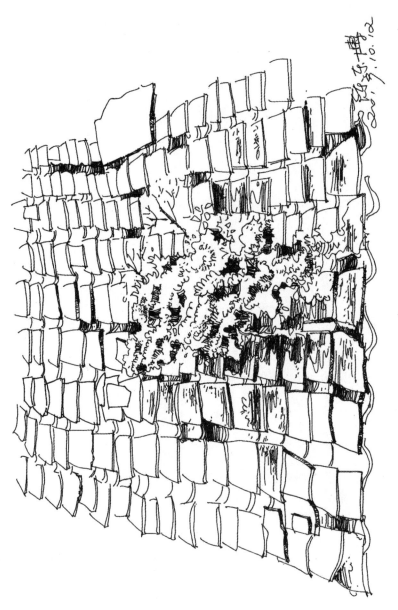

图 2-18　云南美丽乡村建设写生作品

（图片来源：云南财经大学现代设计艺术学院陈东博　绘）

图 2-19　云南美丽乡村建设写生作品

（图片来源：云南财经大学现代设计艺术学院陈东博　绘）

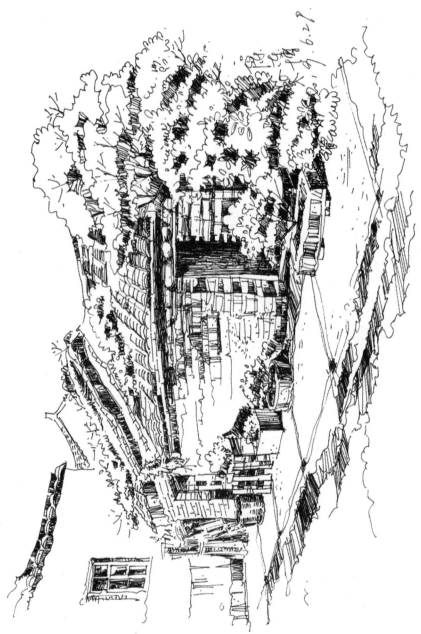

图 2-20 云南美丽乡村建设写生作品

（图片来源：云南财经大学现代设计艺术学院陈东博 绘）

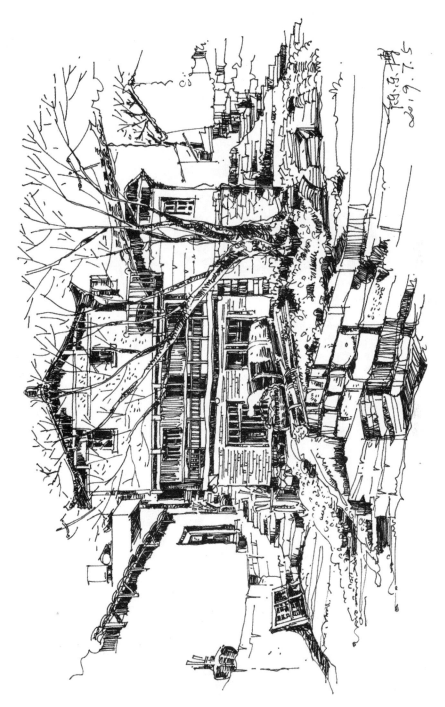

图 2-21　云南美丽乡村建设写生作品

（图片来源：云南财经大学现代设计艺术学院陈东博　绘）

图 2-22 云南美丽乡村建设写生作品

（图片来源：云南财经大学现代设计艺术学院陈东博 绘）

图 2-23 云南美丽乡村建设写生作品

（图片来源：云南财经大学现代设计艺术学院陈东博 绘）

图2-24 云南昆明呈贡赵家山写生作品

（图片来源：云南财经大学现代设计艺术学院环境13-1 阿山 绘）

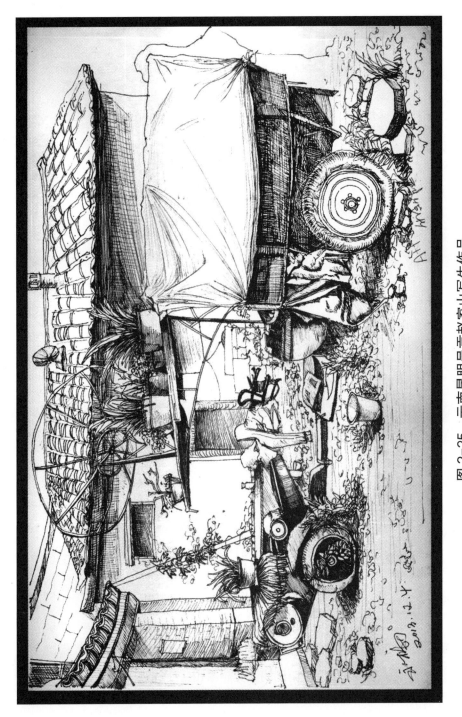

图 2-25　云南昆明呈贡赵家山写生作品

（图片来源：云南财经大学现代设计艺术学院环境 13-1 韩永梅　绘）

图 2-26 云南昆明呈贡赵家山写生作品

（图片来源：云南财经大学现代设计艺术学院环境 13-1 韩永梅 绘）

图 2-27 云南文山马洒村写生作品
（图片来源：云南财经大学现代设计艺术学院环境 18-1 董晏伶 绘）

图 2-28　云南文山马洒村写生作品

（图片来源：云南财经大学现代设计艺术学院环境 18-1 伙帮蓉　绘）

图 2-29　云南文山马洒村写生作品
（图片来源：云南财经大学现代设计艺术学院环境 18-1 卢旭　绘）

图 2-30 云南文山马洒村写生作品

（图片来源：云南财经大学现代设计艺术学院环境18-1 罗俊瑶 绘）

图 2-31 云南文山小马固新寨写生作品

（图片来源：云南财经大学现代设计艺术学院环境 18-1 罗泽天 绘）

图 2-32　云南文山马洒村写生作品

（图片来源：云南财经大学现代设计艺术学院环境 18-1 邱紫玥　绘）

图 2-33　云南文山马洒村写生作品

（图片来源：云南财经大学现代设计艺术学院环境 18-1 吴思迪　绘）

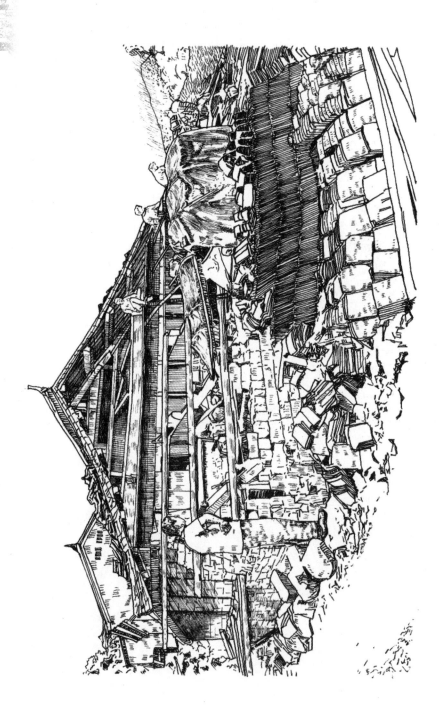

图 2-34 云南文山马洒村写生作品

（图片来源：云南财经大学现代设计艺术学院环境 18-1 杨世辉 绘）

图 2-35　云南文山马洒村写生作品
（图片来源：云南财经大学现代设计艺术学院环境 18-1 杨舒涵　绘）

图 2-36　云南文山马洒村写生作品

（图片来源：云南财经大学现代设计艺术学院环境 18-1 张桂睿　绘）

图 2-37 云南文山马洒村写生作品

（图片来源：云南财经大学现代设计艺术学院环境 18-2 安舟 绘）

图 2-38　云南山马洒村写生作品

（图片来源：云南财经大学现代设计艺术学院环境 18-2 陈莹　绘）

图 2-39 云南文山马洒村写生作品

（图片来源：云南财经大学现代设计艺术学院环境 18-2 焦子函 绘）

图 2-40　云南文山马马洒村写生作品

（图片来源：云南财经大学现代设计艺术学院环境 18-2 骆宇帆　绘）

图2-41 云南文山马洒村写生作品

（图片来源：云南财经大学现代设计艺术学院环境18-2 史金玉　绘）

第三节　昆明胜利堂和甬道历史老街写生

图 2-42　昆明景星街马家大院写生作品

（图片来源：云南财经大学现代设计艺术学院环境 18-1 陈晓丽　绘）

图 2-43 昆明景星街马家大院写生作品
（图片来源：云南财经大学现代设计艺术学院环境 18-1 陈晓丽 绘）

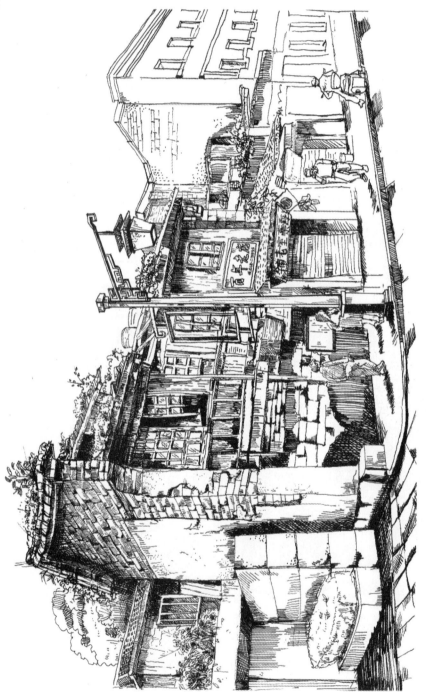

图2-44 昆明甬道历史老街写生作品

（图片来源：云南财经大学现代设计艺术学院环境18-1 但国玲 绘）

图 2-45　昆明甬道历史老街写生作品

（图片来源：云南财经大学现代设计艺术学院环境 18-1 董晏伶　绘）

图 2-46　昆明胜利堂写生作品

现代设计艺术学院环境 18-1 董妥伶　绘

（图片来源：云南财经大学）

图2-47 昆明胜利堂写生作品

（图片来源：云南财经大学现代设计艺术学院环境18-1高雪莲 绘）

图 2-48　昆明甬道历史老街写生作品

（图片来源：云南财经大学现代设计艺术学院环境 18-1 高雪莲　绘）

图 2-49 昆明甫道历史老街福林堂写生作品

（图片来源：云南财经大学现代设计艺术学院环境 18-1 何睿 绘）

图 2-50 昆明胜利堂写生作品

（图片来源：云南财经大学现代设计艺术学院环境 18-1 何睿 绘）

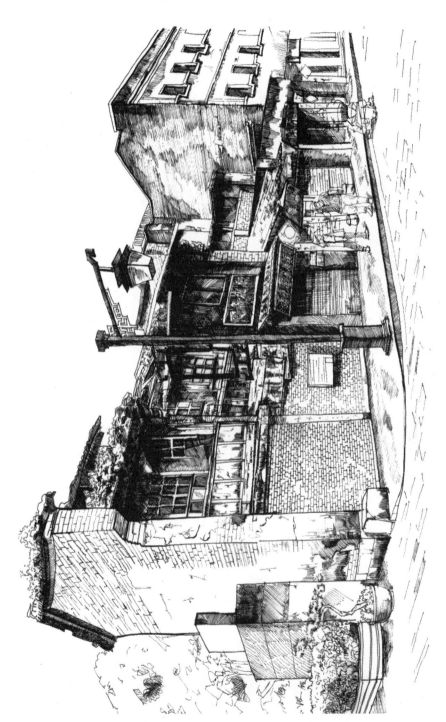

图 2-51 昆明甫道历史老街写生作品

（图片来源：云南财经大学现代设计艺术学院环境 18-1 李婷 绘）

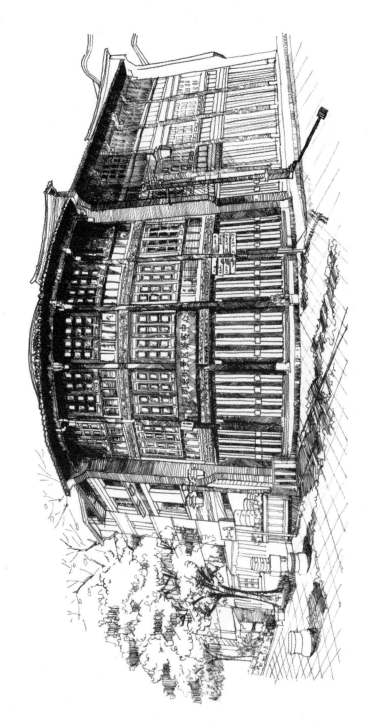

图 2-52　昆明甫道历史老街福林堂写生作品

（图片来源：云南财经大学现代设计艺术学院环境 18-1 李婷　绘）

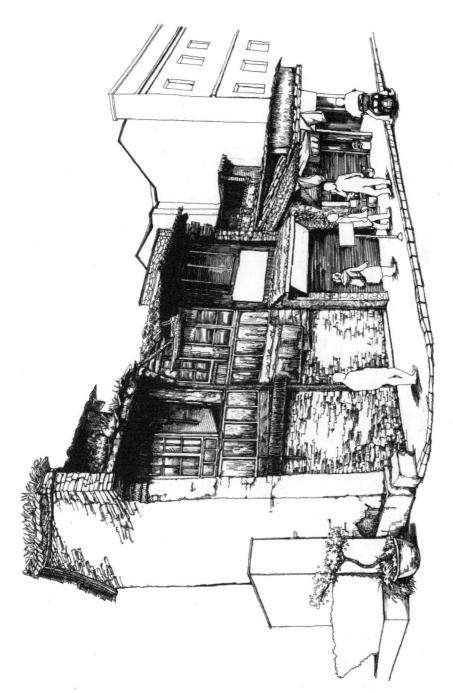

图 2-53 昆明甫道历史老街写生作品

（图片来源：云南财经大学现代设计艺术学院环境 18-1 卢旭 绘）

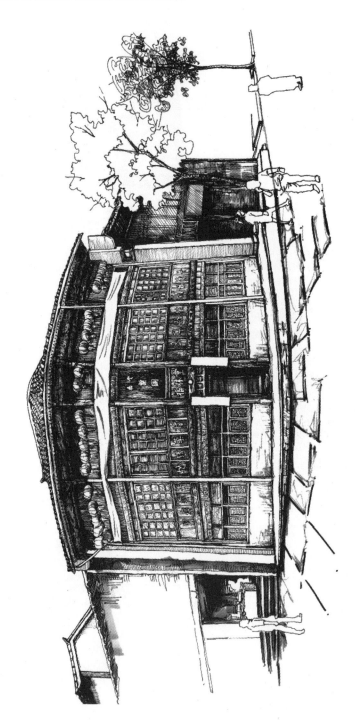

图 2-54　昆明甬道历史老街福林堂写生作品

（图片来源：云南财经大学现代设计艺术学院环境 18-1　卢旭　绘）

图 2-55　昆明甬道历史老街聂耳故居写生作品
（图片来源：云南财经大学现代设计艺术学院环境 18-1 罗泽天　绘）

图 2-56　昆明胜利堂写生作品

（图片来源：云南财经大学现代设计艺术学院环境 18-1 罗泽天　绘）

图2-57　昆明甬道历史老街写生作品

（图片来源：云南财经大学现代设计艺术学院环境18-1 邱紫玥　绘）

图 2-58　昆明胜利堂写生作品
（图片来源：云南财经大学现代设计艺术学院环境 18-1 吴思迪　绘）

图 2-59　昆明甬道历史老街写生作品

（图片来源：云南财经大学现代设计艺术学院环境 18-1 杨世辉　绘）

图2-60　昆明甬道历史老街写生作品

（图片来源：云南财经大学现代设计艺术学院环境 18-1 杨世辉　绘）

图 2-61 昆明甬道历史老街聂耳故居写生作品

（图片来源：云南财经大学现代设计艺术学院环境 18-1 杨舒涵 绘）

图 2-62　昆明正义坊历史街区周边旧住宅写生

（图片来源：云南财经大学现代设计艺术学院环境 18-1 尹冬梅　绘）

图 2-63 昆明甬道历史老街写生作品

（图片来源：云南财经大学现代设计艺术学院环境 18-1 张桂睿 绘）

图 2-64　昆明胜利堂写生作品

（图片来源：云南财经大学现代设计艺术学院环境 18-1 张桂睿　绘）

第四节　昆明东西寺塔、近日楼写生

图 2-65　昆明西寺塔写生作品

（图片来源：云南财经大学现代设计艺术学院环境 18-2 安冉　绘）

图 2-66　昆明东西寺塔历史步行街写生作品

（图片来源：云南财经大学现代设计艺术学院环境 18-2 安冉　绘）

图 2-67 昆明近日楼写生作品
（图片来源：云南财经大学现代设计艺术学院环境 18-2 陈莹 绘）

图 2-68 昆明东西寺塔历史步行街写生作品

（图片来源：云南财经大学现代设计艺术学院环境设计 18-2 陈莹 绘）

图 2-69　昆明东西寺塔历史步行街写生作品
（图片来源：云南财经大学现代设计艺术学院环境 18-2 胡东妤　绘）

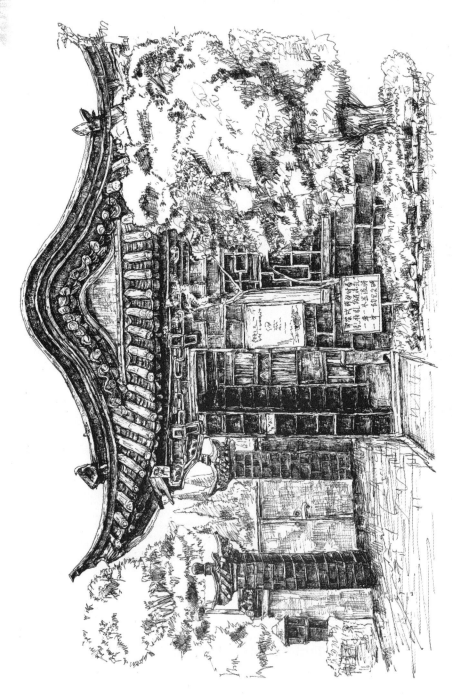

图 2-70　昆明东寺塔园林建筑写生作品

（图片来源：云南财经大学现代设计艺术学院环境 18-2 金德先　绘）

图 2-71 昆明东寺塔园林建筑写生作品

（图片来源：云南财经大学现代设计艺术学院环境 18-2 骆宇帆 绘）

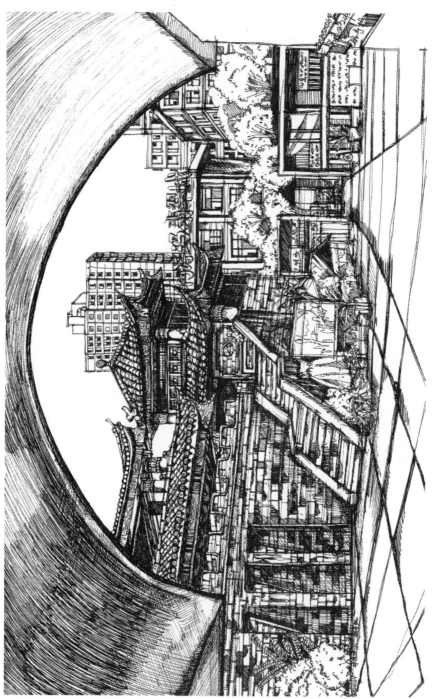

图 2-72　昆明近日楼写生作品

（图片来源：云南财经大学现代设计艺术学院环境 18-2 骆宇帆　绘）

图 2-73 昆明近日楼写生作品

（图片来源：云南财经大学现代设计艺术学院环境 18-2 普龙妹 绘）

图 2-74　昆明东西寺塔历史步行街写生作品

（图片来源：云南财经大学现代设计艺术学院环境设计18-2 普龙妹　绘）

图 2-75　昆明东寺塔写生作品

（图片来源：云南财经大学现代设计艺术学院环境 18-2 王林芳　绘）

图 2-76　昆明东西寺塔历史步行街写生作品

（图片来源：云南财经大学现代设计艺术学院环境 18-2 张中媛　绘）

图 2-77 昆明东西寺塔历史步行街写生作品

（图片来源：云南财经大学现代设计艺术学院环境 18-2 张中媛 绘）

图 2-78　昆明近日楼写生作品

（图片来源：云南财经大学现代设计艺术学院环境 18-2 祝敏皓　绘）

图 2-79　昆明近日楼写生作品

（图片来源：云南财经大学现代设计艺术学院环境 18-2 祝敏皓　绘）

图 2-80　昆明东西寺塔步行街写生作品

（图片来源：云南财经大学现代设计艺术学院环境 18-2 周芦玲　绘）

第三章　马克笔基础色彩表现

第一节　马克笔黑白灰色彩表现

初学者在学习马克笔画的时候，前期可以准备如下内容：

一、马克笔基础线条练习

1. 马克笔的直线笔法

直线在马克笔表现中是技法基础，也是较难掌握的笔法，所以马克笔画应从直线练习开始。

画直线时下笔要果断，起笔、落笔、收笔的力度要均匀，避免起笔和收笔力度太大，出现哑铃状的线形；避免运笔过程中笔头抖动，出现锯齿线形；避免出现有头无尾、收笔草率的线形；避免笔头没有均匀地接触纸面。

常用的技巧：

首先，初学者可以使用便利贴的方式，把不好看的线形和线头留在便利贴上面。

其次，在使用马克笔画直线时身体的姿势可采用右手胳膊肘为圆心，小臂为半径，平直方向进行画直线，注意回笔技巧，把第一遍收笔的乱线头通过回笔的方式融入色面当中，形成柔润的色面效果。

再次，绘制 3cm×5cm 的方格，里面进行排线练习，填充成"浅深浅""以浅入深"特点的渐变色面。可以进行单色系颜色的渐变练习，也可以进行同色系颜色的渐变练习。如图 3–1、图 3–2、图 3–3、图 3–4、图 3–5。

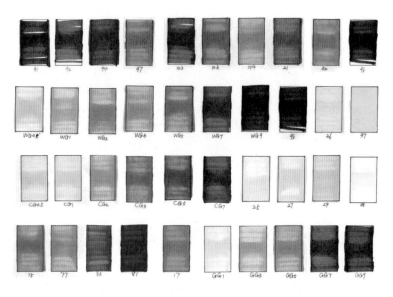

图 3-1　马克笔 TOUCH 色卡 1

（图片来源：陈东博　绘）

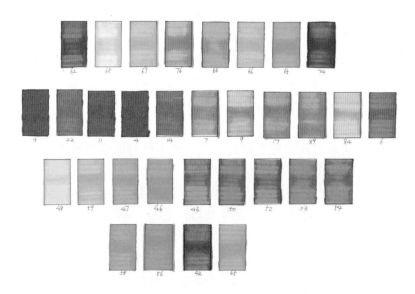

图 3-2　马克笔 TOUCH 色卡 2

（图片来源：陈东博　绘）

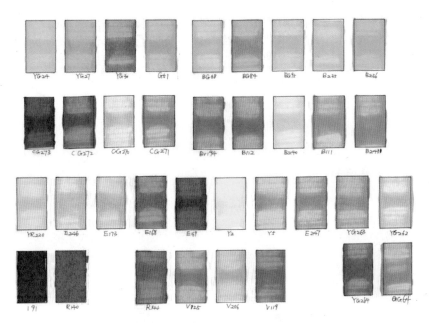

图3-3　马克笔法卡勒色卡3

（图片来源：陈东博　绘）

最后，点缀线可以采用"Z""N"直线条进行表现。点缀线的数量、位置均可以采用"形式美"原则来处理。如图：

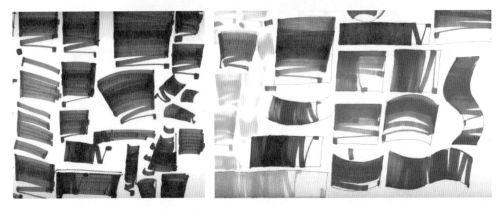

图3-4、图3-5　单色色面练习

（图片来源：云南财经大学现代设计艺术学院环境14-1　左润东　绘）

2. 不同比例的面有不同的排列方式

如果高和宽的比例超过 2∶1，要横线排列马克笔色面；如果高和宽的比例小于 1∶2，则要竖线排列马克笔色面；正方形可竖排、横排，也可对角线排列马克笔色面，并且允许使用尺规来画结构。

3. 直线条的用笔技法与画面效果的处理

马克笔的用笔排线技巧，即按照物体结构和空间透视线的方向进行排线。

一点透视——地面和天花板运笔方向和视平线平行；墙面可以按消失点运笔，也可以垂直运笔。

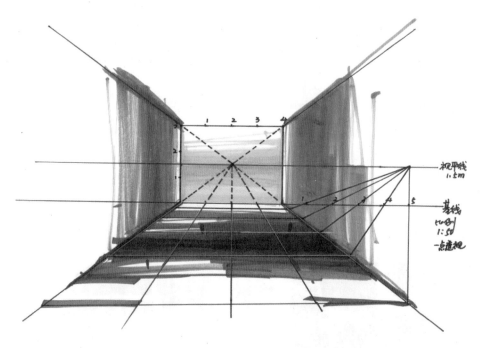

图 3-6　比例尺为 1∶50 的一点透视排线方法

（图片来源：陈东博　绘）

二点透视——地面和天花板运笔方向可向室内的消失点方向，也可向室外的消失点方向，多采用后者；墙面可以按消失点方向运笔，也可垂直运笔。

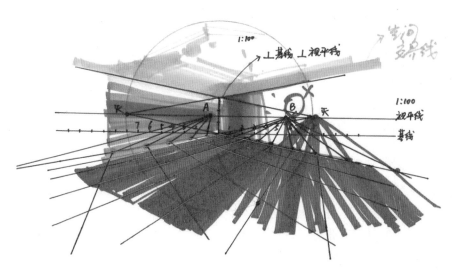

图 3-7　比例尺为 1∶100 的两点透视排线方法

（图片来源：陈东博　绘）

在实际教学过程当中，学生的练习作业会呈现如下的画面比较闷的色彩效果：

图 3-8　比例尺为 1∶50 的一点透视排线错误的方法

（图片来源：云南财经大学现代设计艺术学院环境 17-1 学生　绘）

图 3-8 存在的表现问题是：首先，学生排线不美、不整洁、线头过多过乱，可以采取回笔的方式以及按照一点透视的灭点方向进行排线的方法修改；其次，颜色没有呈现出"浅深浅"的渐变色面；再次，区分每一个空间界面的时候，可以采用画面效果的处理技巧——"以暗衬亮、以亮衬暗""受光面上浅下深，背光面上深下浅"的处理法，来区分不同转折区域内的面，从而体现出光源的虚实过渡与渐变，使得画面色彩效果比较透气。

二、不同方向线条和笔法的笔触练习

1. 马克笔不同方向的笔触

在表现植物时，这种笔触运用比较多，不同角度的小笔触随意变化，可以丰富画面效果，使其富有张力，避免呆板。

通过练习多个 N、M、W 字母的"连笔触"，练习多个字母 O 的"连笔触"，还有特殊笔触的技巧方法，如："wi，w，n，合，╱囗╲，入，人，山，口，古，中、必"等，来表现乔木、灌木的树冠部分。

排线的笔法也是按照树冠的结构来排线。树冠的几何形体为半球体，分为：树冠前曲面、树冠顶面、树冠后曲面，或灌木前曲面、灌木顶面、灌木后曲面。如图 3-9。

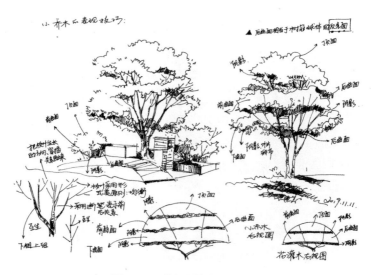

图 3-9 树冠的曲面分析

（图片来源：陈东博 绘）

初学者在表现植物树冠的时候，需要注意三大面五大调子的关系，即亮面、灰面、暗面、明暗交界线和反光。

2. 马克笔的着色

以植物着色为例，马克笔在上色的过程中，首先要注意先浅后深，从整个画面大关系入手，考虑画面整体的色彩关系与黑白灰的变化，用浅绿色从植物亮面开始着色，用笔的次数不宜过多，避免植物笔触过于明显。

其次，在铺设了大概的色彩关系之后，需要用重色进行加深与点缀明暗交界线的位置，同时注意反光面可以留白或者采用冷绿来体现后曲面的关系。

再次，刻画前景时，要多考虑叶片的前后关系，受光面与背光面的对比，适当添加重色以加强明暗关系。

对于前景与画面视觉中心的部分要深入地去进行刻画和细节表现，适当注意暗面的色彩倾向与协调。

最后，回到画面整体，做画面色彩的调整。对于远景比较跳跃的颜色用灰色适当地调整，拉开画面的前后空间进深关系。

以石头为例，石头的表现至少需要 4 个步骤完成：浅灰色—中灰色—深灰色—最后黑色深入。注意每一步的用笔变化，浅灰和中灰之间要以湿画法衔接，这样过渡才自然；后两步要等前面的笔触干透再画，留出明显的笔触可以加强石头硬度的质感和暗部转折面。另外，对于粗糙的界面可以运用彩色铅笔来表现，反光的转折面可以运用高光笔进行勾勒边缘线条，增加亮彩，尽量能够留出纸的白，保证画面色彩的透气性。其他景观座凳、花池、景墙等建筑小品类，也可以采用以上的表现方法。

以水面为例，注意笔触的回笔、色彩的融合和渐变关系。同时，对表现瀑布和跌水溅起的水花，可以采用修正液技巧笔来表现。

以天空为例，采用不同方向随意的笔触、大胆的笔触，可以表现远景植物和天空效果等。另外，天空一般呈渐变的颜色，地平线附近的颜色较浅，越到天空顶越蓝，适当勾画出云朵的感觉即可。还可以利用彩铅勾画天空，不需深入刻画。

三、马克笔颜色叠加的练习

1. 颜色的叠加

马克笔叠加有两种形式——同色系叠加与不同色系叠加。

同色系叠加可以表现渐变的效果，但难以取得色彩的丰富变化；不同色系的相互叠加可以使画面效果比较丰富。但是如果颜色叠加不均匀，就会导致画面偏灰或者脏的感觉。叠加时一定要注意：颜色要由浅入深，深的颜色是在第二遍叠加融合进去的。

马克笔颜色比较多，稍不注意就容易造成画面色彩的浑浊，或者色彩明度过于接近而使画面平淡无奇，马克笔叠加次数过多也会导致画面色彩沉闷。

2. 枯笔颜色的效果

枯笔可以用来勾勒树枝与点缀暗面，产生意想不到的效果。

四、掌握"马克笔基础色彩表现"知识点的难度分析

"马克笔基础色彩表现"是教学设计和手绘表现当中的知识重点。

初学者第一次拿马克笔，经常是无从下笔，不知如何表现。根据教学经验，针对学生的作业效果和手绘情况，现对"马克笔基础色彩表现"提出几点建议，具体表现步骤如下。

（1）起稿时用钢笔简略先勾画出空间大概的轮廓，从大关系入手，再慢慢刻画空间中的细节，遵循从整体到局部、从主要部分到次要部分的原则。

（2）植物的画法以"面"为主，"线"和"点"为辅助表现。"线"的表现一般可以参考如下笔触：wi，w，n，合，╱□╲，人，人，山，口，中，古，必。树冠的深色用43、50等，它只在小面积的局部绘制于树冠底部或接近枝干的位置表示树叶斑驳的阴影，树干用WG5、WG7绘制，局部树干突起妙用、少用120强调。建筑小品一定以WG2或WG3为基本色调，在其基础上增加棕色系颜色，由浅入深进行着色和修改，另外木纹理的材质表现可以在马克笔的色调基础上再用彩铅绘制，注意彩铅一定要削尖笔头，才能把纹理表达清晰。

（3）铺设基本色调，注意时间与颜色的干燥关系，再铺设第二和第三遍颜色（单色或同一色系）达到渐变和虚实变化的效果，要学会灵活运用湿画法和干画法表达的技巧。最后注意两点：①要强化画面的明暗关系，加重暗面色调（暗色调一定有一个透明浅色与之相对比与衬托，这一部分称为"反光"），强调结构线条；②注意突出画面的光影效果，能留纸白就不要用涂改液，涂改液只用在物体高光的部分。

（4）用钢笔再次把结构细节重新勾勒一遍，特别把物体明暗交界线、物体转折线、阴影等暗部用钢笔线条再次强调。

本节共遴选出9幅优秀学生作品，欣赏借鉴如下。

图 3-10 建筑黑白灰色彩表现

（图片来源：云南财经大学现代设计艺术学院环境 13-1 阿山 绘）

图 3-11 建筑黑白灰色彩表现

（图片来源：云南财经大学现代设计艺术学院环境 15-1 杜慧签 绘）

图 3-12　建筑黑白灰色彩表现

（图片来源：云南财经大学现代设计艺术学院环境 15-1 范晓俊　绘）

图 3-13　建筑黑白灰色彩表现

（图片来源：云南财经大学现代设计艺术学院环境 15-1 刘明明　绘）

图 3-14　建筑黑白灰色彩表现

（图片来源：云南财经大学现代设计艺术学院环境 15-1 刘玉婷　绘）

图 3-15　建筑黑白灰色彩表现

（图片来源：云南财经大学现代设计艺术学院环境 15-1 杨晓硕　绘）

图 3-16　建筑黑白灰色彩表现

（图片来源：云南财经大学现代设计艺术学院环境 15-1 余世详　绘）

图 3-17　建筑黑白灰色彩表现

（图片来源：云南财经大学现代设计艺术学院环境 15-1 朱兰　绘）

图 3-18　建筑黑白灰色彩表现

（图片来源：云南财经大学现代设计艺术学院环境 17-1 李婧文　绘）

第二节　马克笔建筑与室内课题的临绘表现

马克笔建筑与室内课题的临绘，存在的技术难题是：一点斜透视关系、室内陈设材质。

一、一点斜透视

一点斜透视中所有垂直线与视平线垂直，水平线向侧点消失。空间的纵深线（长度）都向内框的中心点消失。一点斜透视在一点透视基础上又多了一个消失点，并且另一个消失点在画面外面。该画面形式介于一点透视和两点透视关系之间，观察者位于基线左右 1/3 位置进行观察，而一点透视位于基线中间 2/3 位置进行观察，两点透视位于空间对角（墙角夹角）处进行观察。

一般来说，一点斜透视关系相比较其他两种透视关系的表现更加具有生动力和表现力。如图 3-19、图 3-20，一点斜透视的平、立面空间分析简图。

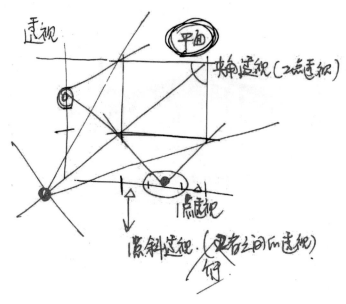

图 3-19　一点斜透视的平面空间分析简图

（图片来源：陈东博　绘）

一点斜透视介于2者之间的透视。

图 3-20　一点斜透视的立面空间分析简图

（图片来源：陈东博　绘）

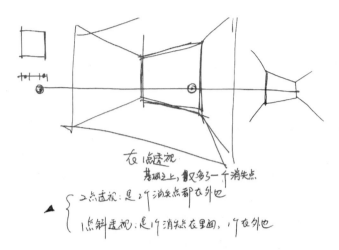

图 3-21　一点斜透视的空间关系简图

（图片来源：陈东博　绘）

绘图时注意：一点斜透视在室内效果图表现中视平线定得不宜过高，画面内的消失点不要在内框的中心，否则会产生错误的效果。

一点斜透视的用笔技巧：地面和天花板运笔方向可向"室内的小内框"的消失点方向，也可向室外的消失点方向；墙面可以按"室内的小内框"的消失点方向运笔，也可垂直运笔。如图 3-22。

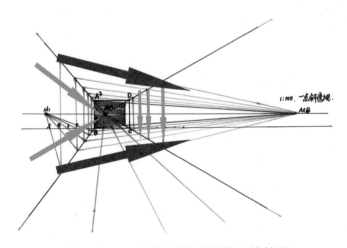

图 3-22　一点斜透视的排线规律简图

（图片来源：陈东博　绘）

二、室内陈设材质

1. 黑色材质

黑色材质的表现比较难把握。黑色材质受光和环境影响同样会产生变化，如强光反射的喷漆玻璃、亮光漆、金属和重色材质等。

在表现时至少要有四个步骤才可表现出它的质感和变化。第一遍中灰平涂，第二遍深灰处理色调变化，然后用黑色处理暗部，最后用彩铅表现环境色。中灰—深灰—黑色—环境色（彩铅）。

漫反射的哑光漆、丝织物或壁画等，三个步骤即可：深灰—黑色—环境色。

技法：以暗衬亮、以亮衬暗；能留纸的白尽量留；高光笔提亮；中灰平涂—深灰处理色调渐变—黑色处理暗部—彩铅表现环境色；笔触的浅深浅的变化。

2. 玻璃的表现

玻璃在室内空间设计里常常出现，质感效果有透明的清玻、半透明的镀膜和不透明的镜面玻璃。

（1）透明玻璃的表现

透明玻璃的表现先把玻璃后的物体刻画出来（注意此时不要因顾及玻璃材质而弱处理玻璃后面的物体），然后将玻璃后的物体用灰色降低纯度，最后用彩铅淡淡地涂出玻璃自身的浅绿色和因受反光影响而产生的环境色。

技法：用灰色 BG1 打底，降低（玻璃内）物体的纯度，彩铅画出玻璃的颜色。同时要注意反光映射出来的环境色。

（2）镀膜玻璃的表现

表现过程中除了有通透的感觉外，还要注意镜面的反光、反射的效果。可以用针管笔略微把静面内的物体外轮廓勾勒出来，特别是反射在玻璃外部的植物和建筑天际线的映像等。

马克笔常用的号数为 67、68 等。

（3）镜面玻璃的表现

要注重环境色彩和环境物体的映射关系，但在表现镜面映射影像时需要把握好"度"，刻画不能过于真实，否则画面会缺乏整体感。

马克笔常用的号数为 67、68 等。

3. 灯光的表现

光分为两类：一是自然光，二是人工光源。室内灯光的表现主要有三种：灯带、筒灯（射灯）和娱乐场所的投光灯。

（1）灯带表现的技巧是：从浅到深晕染，注意每遍叠加色彩反差不要太大。

（2）壁灯、筒光灯、台灯表现的技巧是：第一遍平涂，快干时留出灯光轮廓，其他地方加重。

（3）投光灯的光束表现的技巧是：留出灯光轮廓，背景加重。即用背景重色衬托发光点，发光点区域常常留纸的白。剩余部分可以采用彩铅进行淡淡涂色，然后把光束背景涂重、涂深、涂暗，以重色来衬托发光点。

4. 木质的表现

木材装饰包括原木、仿木质装饰。

技法：作画时应注意木材色泽和纹理特征。手绘表现的木质材质主要以木质家具、木质装饰墙面为主。木质表面的哑光与亮光效果，可以采用彩铅来勾画木纹的纹理细节和粗糙感。

5. 石材的表现

室内石材多是抛光的大理石、花岗石、瓷砖。石材的表现注意光洁平滑、质地坚硬。

技法：首先，由浅入深将空间整体上色，要注意整体空间的光影关系；其次，对局部的暗部加入一些重色，增强画面的体积感；最后，对材质纹理进一步刻画，充分考虑石材的属性特点、反光以及纹理等。

6. 单体沙发及沙发组合表现

单体沙发及沙发组合表现时，学生作业存在问题如下：马克笔的线条表现、物体结构的转折关系、明暗的表现仍然薄弱，包括马克笔的直线笔法、不同比例的面有不同的排列方式、不同方向线条和笔法的笔触练习、颜色叠加效果以及物体体块与光影的处理、物体结构透视、细节纹理和质感等，课后应多做临摹练习。

7. 卧室表现

卧室表现时，学生作业存在问题如下：空间透视关系错误、家具结构透视错误、上色能力薄弱。

（1）透视技巧：①学生绘图时视平线 HL 一般定在整个画面靠下的1/3 左右的高度位置，并且参考视平线高度，来确定陈设物体的高度。②学生会运用九宫格、黄金分割线来进行构图和布局。③透视关系当中，被视线遮挡住的空间后面2个面——蓝面和黄面，是学生作业当中最容易出错的地方。例如，作业中学生不会画沙发靠背和床头靠背透视方向，有的学生靠背往上面画，有的学生往下面画，全然都忽略了视平线上面灭点的存在。掌握的技巧就是当蓝面和黄面不知道往哪里画边缘线时，就要马上看它前面与之平行关系的几何面，前面灰面往视平线右侧灭掉聚焦，则蓝面的透视方向也往视平线右侧灭掉聚焦。黄色几何面同理。

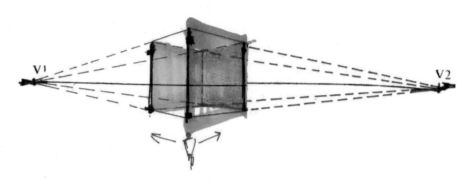

图 3-23　两点透视前后几何面的平行关系简图

（图片来源：陈东博　绘）

（2）上色技巧：①用笔要遵循形体的结构，这样才能够充分地表现出形体感。②用色要概括，要有整体上色概念（先整体后局部），笔触的走向应该统一。注意笔触间的排列和秩序（W、N笔触），体现笔触本身的美感，不可画得凌乱无序。③着色不要太满，要注意过渡变化、渐变，色彩柔和、温和，避免呆板和沉闷。要有整体的色调概念，中性色和灰色是画面的灵魂。④用色不可杂乱，要用最少的颜色画出最丰富的效果。⑤画面要有黑白灰（明暗）、虚实、冷暖的对比关系，调节整体的色彩平衡。黑色和白色是"金"，很容易运用高光笔勾勒出点睛的效果，但是技巧笔也要慎用，特别是修正液，是起到高光作用的，有的学生却经常用它修改错误地方，导致画面很脏。另外高光笔和修正液长时间不运用，笔头会出现干枯、流水不畅的现象，画出线条粗细不均匀。⑥线稿、线条仍需大量练习。

本节共遴选出89幅优秀学生作品，欣赏借鉴如下。

图 3-24 沙发临绘

（图片来源：云南财经大学现代设计艺术学院环境 13-1 曾莹 绘）

图 3-25 沙发临绘

（图片来源：云南财经大学现代设计艺术学院环境 13-1 曾莹 绘）

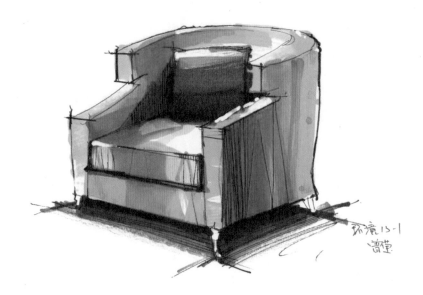

图 3-26 沙发临绘

（图片来源：云南财经大学现代设计艺术学院环境 13-1 曾莹　绘）

图 3-27 沙发临绘

（图片来源：云南财经大学现代设计艺术学院环境 13-1 曾莹　绘）

图 3-28 沙发临绘

（图片来源：云南财经大学现代设计艺术学院环境 13-1 曾莹 绘）

图 3-29 沙发临绘

（图片来源：云南财经大学现代设计艺术学院环境 13-1 季越 绘）

图 3-30　沙发临绘

（图片来源：云南财经大学现代设计艺术学院环境 13-1 季越　绘）

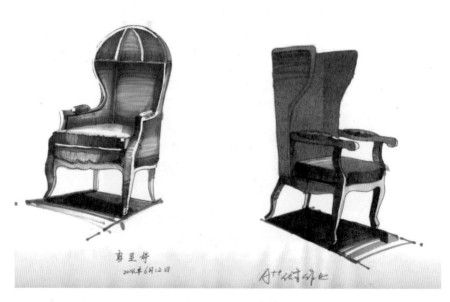

图 3-31　沙发临绘

（图片来源：云南财经大学现代设计艺术学院环境 13-1 彭显婷　绘）

图 3-32　沙发临绘

（图片来源：云南财经大学现代设计艺术学院环境 13-1 彭显婷　绘）

图 3-33 入户室外空间临绘

（图片来源：云南财经大学现代设计艺术学院环境 13-1 彭显婷 绘）

图 3-34　书房空间临绘

（图片来源：云南财经大学现代设计艺术学院环境 13-1 彭显婷　绘）

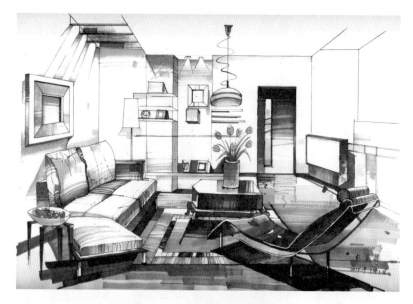

图 3-35　起居室空间临绘

（图片来源：云南财经大学现代设计艺术学院环境 13-1 彭显婷　绘）

图 3-36　起居室空间临绘

（图片来源：云南财经大学现代设计艺术学院环境 13-1 李霄　绘）

图 3-37 起居室空间临绘

（图片来源：云南财经大学现代设计艺术学院环境 15-1 陈伊铭 绘）

图 3-38 起居室空间临绘

（图片来源：云南财经大学现代设计艺术学院环境 15-1 陈伊铭 绘）

图 3-39　餐厅商业空间临绘

（图片来源：云南财经大学现代设计艺术学院环境 15-1 陈伊铭　绘）

图 3-40　起居室空间临绘

（图片来源：云南财经大学现代设计艺术学院环境 15-1 樊自航　绘）

图 3-41　餐厅商业空间临绘

（图片来源：云南财经大学现代设计艺术学院环境 15-1 樊自航　绘）

图 3-42　专卖店商业空间临绘

（图片来源：云南财经大学现代设计艺术学院环境 15-1 樊自航　绘）

图 3-43　餐厅商业空间临绘

（图片来源：云南财经大学现代设计艺术学院环境 15-1 范晓俊　绘）

图 3-44　专卖店商业空间临绘

（图片来源：云南财经大学现代设计艺术学院环境 15−1 范晓俊　绘）

图 3-45　专卖店商业空间临绘

（图片来源：云南财经大学现代设计艺术学院环境 15−1 范晓俊　绘）

图3-46 别墅建筑空间临绘

（图片来源：云南财经大学现代设计艺术学院环境15-1 何其珍 绘）

图 3-47 起居室空间临绘

（图片来源：云南财经大学现代设计艺术学院环境 15-1 李静 绘）

图 3-48 起居室空间临绘

（图片来源：云南财经大学现代设计艺术学院环境 15-1 刘丹 绘）

图 3-49　乡村村落空间临绘

（图片来源：云南财经大学现代设计艺术学院环境 15-1 刘姣　绘）

图 3-50 起居室空间临绘

（图片来源：云南财经大学现代设计艺术学院环境 15—1 刘明明 绘）

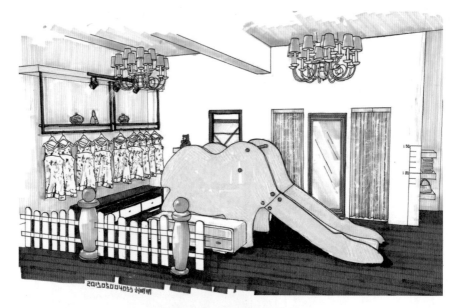

图 3-51　卖店空间临绘

（图片来源：云南财经大学现代设计艺术学院环境 15-1 刘明明　绘）

图 3-52　卖店空间临绘

（图片来源：云南财经大学现代设计艺术学院环境 15-1 刘明明　绘）

图 3-53 起居室空间临绘

（图片来源：云南财经大学现代设计艺术学院环境 15-1 罗茜 绘）

图 3-54　餐饮商业空间临绘

（图片来源：云南财经大学现代设计艺术学院环境 15-1 罗茜　绘）

图 3-55　别墅建筑空间临绘

（图片来源：云南财经大学现代设计艺术学院环境 15-1 杨霞　绘）

图 3-56　别墅建筑空间临绘

（图片来源：云南财经大学现代设计艺术学院环境 15-1 杨晓硕　绘）

图 3-57　专卖店商业空间临绘

（图片来源：云南财经大学现代设计艺术学院环境 15-1 余世祥　绘）

图 3-58　起居室空间临绘

（图片来源：云南财经大学现代设计艺术学院环境 15-1 朱兰　绘）

图 3-59　起居室空间临绘

（图片来源：云南财经大学现代设计艺术学院环境 15-1 朱兰　绘）

图 3-60 餐饮商业空间临绘

（图片来源：云南财经大学现代设计艺术学院环境 15-1 朱兰 绘）

图 3-61　起居室空间临绘

（图片来源：云南财经大学现代设计艺术学院环境 16-1 蔡钰　绘）

图 3-62 起居室空间临绘

（图片来源：云南财经大学现代设计艺术学院环境 16-1 蔡钰 绘）

图 3-63　餐厅空间临绘

（图片来源：云南财经大学现代设计艺术学院环境 16-1 蔡钰　绘）

图 3-64　餐厅空间临绘

（图片来源：云南财经大学现代设计艺术学院环境 16-1 江余欢　绘）

图 3-65　起居室空间临绘

（图片来源：云南财经大学现代设计艺术学院环境 16-1 江余欢　绘）

图 3-66　主卧空间临绘

（图片来源：云南财经大学现代设计艺术学院环境 16-1 江余欢　绘）

图 3-67 主卧空间临绘

（图片来源：云南财经大学现代设计艺术学院环境 16-1 江余欢　绘）

图 3-68　主卧空间临绘

（图片来源：云南财经大学现代设计艺术学院环境 16-1 江余欢　绘）

图 3-69 主卧空间临绘

（图片来源：云南财经大学现代设计艺术学院环境 16-1 江余欢　绘）

图 3-70 主卧空间临绘

（图片来源：云南财经大学现代设计艺术学院环境 16-1 姜佳宝　绘）

图 3-71　餐厅空间临绘

（图片来源：云南财经大学现代设计艺术学院环境 16-1 姜佳宝　绘）

图 3-72　主卧空间临绘

（图片来源：云南财经大学现代设计艺术学院环境 16-1 林毅　绘）

图 3-73　起居室空间临绘

（图片来源：云南财经大学现代设计艺术学院环境 16-1 林毅　绘）

图 3-74 主卧空间临绘

（图片来源：云南财经大学现代设计艺术学院环境 16-1 林毅 绘）

图 3-75　主卧空间临绘

（图片来源：云南财经大学现代设计艺术学院环境 16-1 莫坤虎　绘）

图 3-76 主卧空间临绘

（图片来源：云南财经大学现代设计艺术学院环境 16-1 莫坤虎 绘）

图 3-77　起居室空间临绘

（图片来源：云南财经大学现代设计艺术学院环境 16-1 莫坤虎　绘）

图 3-78　起居室空间临绘

（图片来源：云南财经大学现代设计艺术学院环境 16-1 莫坤虎　绘）

图 3-79　主卧空间临绘

（图片来源：云南财经大学现代设计艺术学院环境 16-1 莫坤虎　绘）

图 3-80　餐厅空间临绘

（图片来源：云南财经大学现代设计艺术学院环境 16-1 莫坤虎　绘）

图 3-81　餐厅空间临绘

（图片来源：云南财经大学现代设计艺术学院环境 16-1 杨斯琪　绘）

图 3-82　起居室空间临绘

（图片来源：云南财经大学现代设计艺术学院环境 16-1 杨斯琪　绘）

图 3-83　起居室空间临绘

（图片来源：云南财经大学现代设计艺术学院环境 16-1 杨斯琪　绘）

图3-84 起居室空间临绘

（图片来源：云南财经大学现代设计艺术学院环境16-1 杨正浩 绘）

图 3-84　餐厅空间临绘

（图片来源：云南财经大学现代设计艺术学院环境 16-1 杨正浩　绘）

图 3-86　起居室空间临绘

（图片来源：云南财经大学现代设计艺术学院环境 16-1 张丽　绘）

图 3-87　餐厅空间临绘

（图片来源：云南财经大学现代设计艺术学院环境 16-1 张丽　绘）

图 3-88　起居室空间临绘

（图片来源：云南财经大学现代设计艺术学院环境 16-1 张丽　绘）

图 3-89　起居室空间临绘

（图片来源：云南财经大学现代设计艺术学院环境 16-1 张丽　绘）

图 3-90　起居室空间临绘

（图片来源：云南财经大学现代设计艺术学院环境 16-1 赵金玉　绘）

图 3-91　主卧空间临绘

（图片来源：云南财经大学现代设计艺术学院环境 16-1 赵金玉　绘）

图 3-92　餐厅空间临绘

（图片来源：云南财经大学现代设计艺术学院环境 16-1 赵金玉　绘）

图 3-93　起居室空间临绘

（图片来源：云南财经大学现代设计艺术学院环境 16-1 郑苓　绘）

图 3-94　主卧空间临绘

（图片来源：云南财经大学现代设计艺术学院环境 16-1 郑苓　绘）

图 3-95 起居室空间临绘

（图片来源：云南财经大学现代设计艺术学院环境 16-1 邦芩 绘）

图 3-96 起居室空间临绘
（图片来源：云南财经大学现代设计艺术学院环境 16-1 郑芩 绘）

图 3-97　餐厅空间临绘

（图片来源：云南财经大学现代设计艺术学院环境 16-1 郑芩　绘）

图 3-98 起居室空间临绘

（图片来源：云南财经大学现代设计艺术学院环境 16-1 朱振东 绘）

图 3-99　起居室空间临绘

（图片来源：云南财经大学现代设计艺术学院环境 16-1 朱振东　绘）

图 3-100　主卧空间临绘

（图片来源：云南财经大学现代设计艺术学院环境 16-1 朱振东　绘）

图 3-101　餐厅空间临绘

（图片来源：云南财经大学现代设计艺术学院环境 16-1 庄嘉雯　绘）

图 3-102　起居室空间临绘

（图片来源：云南财经大学现代设计艺术学院环境 16-1 庄嘉雯　绘）

图 3-103　起居室空间临绘

（图片来源：云南财经大学现代设计艺术学院环境 16-1 庄嘉雯　绘）

图 3-104　起居室空间临绘

（图片来源：云南财经大学现代设计艺术学院环境 16-1 庄嘉雯　绘）

图 3-105　起居室空间临绘

（图片来源：云南财经大学现代设计艺术学院环境 16-1 庄嘉雯　绘）

图 3-106 起居室空间临绘

（图片来源：云南财经大学现代设计艺术学院环境 16-1 庄嘉雯 绘）

图 3-107　室外空间临绘

（图片来源：云南财经大学现代设计艺术学院环境 17-1 耿乔仙　绘）

图 3-108 餐厅空间临绘

（图片来源：云南财经大学现代设计艺术学院环境 17-2 刘燃燃 绘）

图 3-109　起居室空间临绘

（图片来源：云南财经大学现代设计艺术学院环境 17-2 宋佳韵　绘）

图 3-110　餐厅空间临绘

（图片来源：云南财经大学现代设计艺术学院环境 17-2 吴雪姣　绘）

图 3-111　客房空间临绘

（图片来源：云南财经大学现代设计艺术学院环境 17-2 吴雪娆　绘）

图 3-112　客房空间临绘

（图片来源：云南财经大学现代设计艺术学院环境 17-2 杨庆洋　绘）

第四章　马克笔写生表现

第一节　新文明街历史街区写生作品

写生时要注意视觉中心的位置选择技巧，一幅画面有且仅有一个视觉中心，视觉中心的位置在画面中非常重要，且要求讲究。视觉中心不宜安排在画面的正中间，也不宜安排在画面的边缘。例如，将一个方形的画面对角线分割为四份，那么视觉中心最有效的点就是这四部分的中心位置，其次附近区域也可以，切记不能居画面中心和画面边缘。

另外，视觉中心处理的 3 种手法：首先，画面强调虚实对比，形成视觉中心的画面。其次，通过对物体和结构进行重点刻画，形成视觉中心的画面。最后，通过诱导构图的方式，形成视觉中心。如，路面的延伸（从前景延伸到主体建筑），车辆或人物朝主体建筑走去或驶去。

本章节共遴选出 60 幅优秀学生写生的作品，写生地点位于昆明新文明街历史街区、云南大学校本部、翠湖、昆明陆军讲武堂。欣赏借鉴如下。

图 4-1 昆明人民东路街景写生

（图片来源：云南财经大学现代设计艺术学院环境 17-1 耿乔仙 绘）

图 4-2 昆明人民东路街景写生

（图片来源：云南财经大学现代设计艺术学院环境 17-1 耿乔仙 绘 ）

图 4-3　昆明文庙写生

（图片来源：云南财经大学现代设计艺术学院环境 17-2 濮永坚　绘）

图 4-4 昆明文庙写生

（图片来源：云南财经大学现代设计艺术学院环境 17-2 宋佳韵 绘）

图 4-5 昆明新文明街历史街区写生

（图片来源：云南财经大学现代设计艺术学院环境 17-1 段睎芮 绘）

4-6　昆明新文明街历史街区写生

（图片来源：云南财经大学现代设计艺术学院环境 17-1 段睎芮　绘）

图 4-7　昆明新文明街历史街区写生

（图片来源：云南财经大学现代设计艺术学院环境 17-1 姜珊　绘）

图 4-8　昆明新文明街历史街区写生

（图片来源：云南财经大学现代设计艺术学院环境 17-1 李佳颖　绘）

图 4-9　昆明新文明街历史街区写生

（图片来源：云南财经大学现代设计艺术学院环境 17-1 李婧文　绘）

图 4-10　昆明新文明街历史街区写生

（图片来源：云南财经大学现代设计艺术学院环境 17-1 秦子景　绘）

图 4-11 昆明新文明街历史街区写生

（图片来源：云南财经大学现代设计艺术学院环境 17-1 秦子景 绘）

图 4-12 昆明新文明街历史街区写生

（图片来源：云南财经大学现代设计艺术学院环境 17-1 孙发杰 绘）

图 4-13 昆明新文明街历史街区写生

（图片来源：云南财经大学现代设计艺术学院环境 17-1 同美霓 绘）

图 4-14　昆明新文明街历史街区写生

（图片来源：云南财经大学现代设计艺术学院环境 17-1 同美霓　绘）

图 4-15　昆明新文明街历史街区写生

（图片来源：云南财经大学现代设计艺术学院环境 17-1 袁雯　绘）

图 4-16　昆明新文明街历史街区写生

（图片来源：云南财经大学现代设计艺术学院环境 17-2 康婳　绘）

图 4-17　昆明新文明街历史街区写生
（图片来源：云南财经大学现代设计艺术学院环境 17-2 康婳　绘）

图 4-18　昆明新文明街历史街区写生
（图片来源：云南财经大学现代设计艺术学院环境 17-2 蒋水仙　绘）

图 4-19　昆明新文明街历史街区写生

（图片来源：云南财经大学现代设计艺术学院环境 17-2 李金雨　绘）

图 4-20 昆明新文明街历史街区写生
（图片来源：云南财经大学现代设计艺术学院环境 17-2 李金雨 绘）

图 4-21　昆明新文明街历史街区写生

（图片来源：云南财经大学现代设计艺术学院环境 17-2 李金雨　绘）

图 4-22　昆明新文明街历史街区写生

（图片来源：云南财经大学现代设计艺术学院环境 17-2 李秋萍　绘）

图 4-23 昆明新文明街历史街区写生

（图片来源：云南财经大学现代设计艺术学院环境 17-2 林燕芳 绘）

图 4-24　昆明新文明街历史街区写生

（图片来源：云南财经大学现代设计艺术学院环境 17-2 吴林曼　绘）

图 4-25　昆明新文明街历史街区写生
（图片来源：云南财经大学现代设计艺术学院环境 17-2 吴林曼　绘）

图 4-26　昆明新文明街历史街区写生

（图片来源：云南财经大学现代设计艺术学院环境 17-2 于志敏　绘）

第二节 云南大学写生作品

图 4-27 云南大学校本部写生

（图片来源：云南财经大学现代设计艺术学院环境 16-1 高平周 绘）

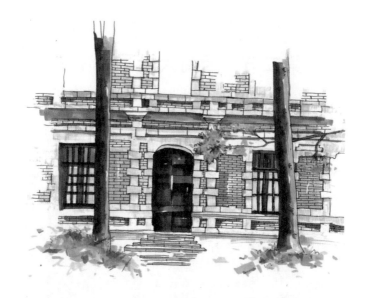

图 4-28 云南大学校本部会泽院建筑写生

（图片来源：云南财经大学现代设计艺术学院环境 16-1 高平周   绘）

图 4-29 云南大学校本部古

（图片来源：云南财经大学现代设计艺术学院环境 16-1 高平周   绘）

图 4-30　云南大学校本部正门写生

（图片来源：云南财经大学现代设计艺术学院环境 16-1 林毅　绘）

图 4-31　云南大学校本部熊庆来故居建筑写生

（图片来源：云南财经大学现代设计艺术学院环境 16-1 林毅　绘）

图 4-32 云南大学校本部景观假山写生

（图片来源：云南财经大学现代设计艺术学院环境 16-1 马思佳 绘）

图4-33 云南大学校本部会泽楼建筑写生

（图片来源：云南财经大学现代设计艺术学院环境16-1马思佳 绘）

图 4-34　云南大学校本部景观亭建筑写生

（图片来源：云南财经大学现代设计艺术学院环境 16-1 苏子文　绘）

图 4-35 云南大学校本部景观墙写生
（图片来源：云南财经大学现代设计艺术学院环境 16-1 苏子文 绘）

图 4-36 云南大学校本部水景写生

（图片来源：云南财经大学现代设计艺术学院环境 16-1 杨斯琦 绘）

图 4-37 云南大学校本部会泽楼建筑写生

（图片来源：云南财经大学现代设计艺术学院环境 16-1 杨斯琦 绘）

图 4-38 云南大学校本部会泽楼建筑写生

（图片来源：云南财经大学现代设计艺术学院环境 16-1 杨斯琦 绘）

图 4-39　云南大学校本部水景写生

（图片来源：云南财经大学现代设计艺术学院环境 16-1 张丽　绘）

图 4-40 云南大学校本部会泽楼建筑写生

（图片来源：云南财经大学现代设计艺术学院环境 16-1 张丽 绘）

图 4-41 云南大学校本部会泽楼建筑写生

（图片来源：云南财经大学现代设计艺术学院环境 16-1 张烨颖 绘）

图 4-42 云南大学校本部正门写生

（图片来源：云南财经大学现代设计艺术学院环境 16-1 朱振东 绘）

图 4-43　云南大学校本部会泽楼建筑局部写生

（图片来源：云南财经大学现代设计艺术学院环境 16-1 朱振东　绘）

图 4-44　云南大学校本部熊庆来故居写生

（图片来源：云南财经大学现代设计艺术学院环境 16-1 朱振东　绘）

图 4-45　云南大学校本部古牌坊写生

（图片来源：云南财经大学现代设计艺术学院环境 16-1 庄嘉文　绘）

图 4-46　云南大学校本部会泽楼建筑写生

（图片来源：云南财经大学现代设计艺术学院环境 16-1 庄嘉文　绘）

图 4-47　云南大学校本部钟楼建筑写生

（图片来源：云南财经大学现代设计艺术学院环境 16-1 庄嘉文　绘）

第三节　翠湖写生作品

图 4-48　昆明翠湖公园写生

（图片来源：云南财经大学现代设计艺术学院环境 13-1 阿山　绘）

图 4-49　昆明翠湖公园写生

（图片来源：云南财经大学现代设计艺术学院环境 13-1 季越　绘）

图 4-50　昆明翠湖公园写生

（图片来源：云南财经大学现代设计艺术学院环境 13-1 李霄　绘）

第四节　昆明陆军讲武堂写生

图 4-51　昆明陆军讲武堂写生

（图片来源：云南财经大学现代设计艺术学院环境 14-1 文雯　绘）

图 4-52　昆明陆军讲武堂写生

（图片来源：云南财经大学现代设计艺术学院环境 14-1 左润东　绘）

第五节　昆明动植物博物馆写生

图 4-53　昆明动植物博物馆写生

（图片来源：云南财经大学现代设计艺术学院环境 16-1 马思佳　绘）

图 4-54　昆明动植物博物馆写生

（图片来源：云南财经大学现代设计艺术学院环境 16-1 苏子文　绘）

图 4-55　昆明动植物博物馆写生

（图片来源：云南财经大学现代设计艺术学院环境 16-1 杨斯琦　绘）

图 4-56　昆明动植物博物馆写生

（图片来源：云南财经大学现代设计艺术学院环境 16-1 张丽　绘 ）

图 4-57　昆明动植物博物馆写生

（图片来源：云南财经大学现代设计艺术学院环境 16-1 张丽　绘）

图 4-58　昆明动植物博物馆写生
（图片来源：云南财经大学现代设计艺术学院环境 16-1 张烨颖　绘）

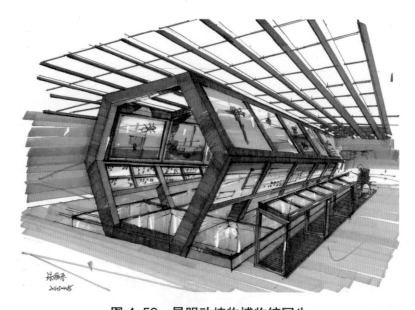

图 4-59　昆明动植物博物馆写生

（图片来源：云南财经大学现代设计艺术学院环境 16-1 朱振东　绘）

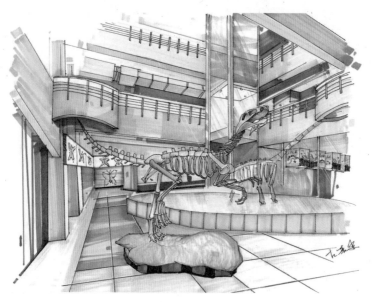

图 4-60　昆明动植物博物馆写生

（图片来源：云南财经大学现代设计艺术学院环境 16-1 庄嘉文　绘）

第五章　马克笔教学实践

第一节　马克笔景观改造示意图表现

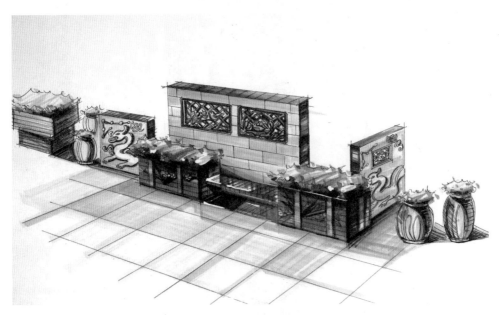

图 5-1　步行街东入口改造方案示意图

（图片来源：陈东博　绘）

图5-2 步行街西入口改造方案示意图
（图片来源：陈东博 绘）

图 5-3 树池示意图

（图片来源：陈东博 绘）

图 5-4 树池示意图
（图片来源：陈东博 绘）

图 5-5 树池示意图

（图片来源：陈东博 绘）

图 5-6 树池示意图

（图片来源：陈东博 绘）

图 5-7 景观台阶示意图
（图片来源：陈东博 绘）

图 5-8　景墙示意图

（图片来源：陈东博　绘）

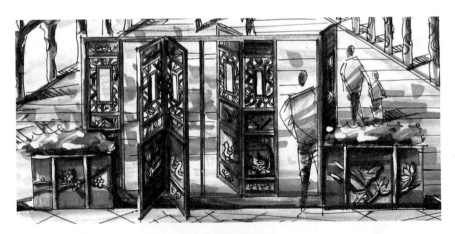

图 5-9　扇门与花池组合示意图

（图片来源：陈东博　绘）

图 5-10　树池示意图

（图片来源：陈东博　绘）

图 5-11 树池示意图

（图片来源：陈东博 绘）

图 5-12 树池示意图

（图片来源：陈东博 绘）

图 5-13　瓦当图案作为文化景墙的装饰贴面示意图

（图片来源：陈东博　绘）

图 5-14　文化景墙的寿字形花窗示意图

（图片来源：陈东博　绘）

图 5-15　文化景墙的动物图案花窗示意图

（图片来源：陈东博　绘）

第二节　马克笔快题方案表现

快题表现时需要掌握的基本画法技巧如下：

第一，起稿时用钢笔简略先勾画出空间大概的轮廓，从大关系入手，再慢慢刻画空间中的细节内容，遵循原则：从整体到局部、从主要部分到次要部分。

第二，植物的画法以"面"为主，"线"和"点"为辅助表现。

1. 植物"面"的表现

植物"面"的表现首先要以树冠的球体、半球体体积结构作为植物表现技巧的重要依据，如：树冠有前曲面、顶面和后曲面（后面）的结构关系，一般表现技巧是根据主光源的方向，树冠的顶面多运用暖绿加以点缀植物枝叶的线条细节；其次，前曲面多运用中绿、深绿，颜色需要用重色强调和点缀几笔阴影部分的关系，并强调枝叶细节内容的刻画；最后，后曲面是树冠球体的反光部分，多运用冷绿（68）、浅绿、浅蓝（67）、浅紫来点缀反光的色彩关系，如果是视觉中心需要重点刻画的乔木和灌木植物，树冠后曲面的反光面部分可以运用黄绿色进行点缀。

2. 植物"线"的表现

"线"的表现一般可以参考如下马克笔的笔触技巧，如：wi、w、n、合、⌒□、入、人、山、口、中、古、必等涂写字体的方式来绘制出马克笔的"线"。

树冠的深色一般运用 43、50 等，在树冠底部或接近枝干的位置（表示树叶斑驳的阴影）点缀和强调；树干用 WG 系列来表现，多用 WG5、WG7 绘制，局部树干的明暗交界线运用深色，如 WG8、WG9、CG7、CG8、CG9，偶尔会使用 120 进重点强调，或者尽量不要使用 120，另外采用钢笔线条（针管笔的组线条）来表现树干的明暗交界线的明暗关系也是非常好的；石头表现一定以 WG1、WG2 或 WG3 为基本色调，在其转折边上增加棕色系颜色，由浅入深进行着色；木纹理的材质表现可以在马克笔的色调基础上再用彩铅绘制，注意彩铅一定要削尖笔头，才能把纹理表达清晰。

3. 植物"点"的表现

植物的树冠可以运用点绘的方式表达，如：W、M 组成的块面。

第三，铺设基本色调。注意时间与颜色的干燥关系，再铺设第二和第三遍颜色（单色或同一色系）达到渐变和虚实变化的效果，要学会灵活运用湿画法和干画法表达的技巧。最后注意以下两点表现技巧：

（1）强化画面的明暗关系、加重暗面色调（暗色调一定有一个透明浅色与之相对比与衬托，这一部分称为"反光"）、强调结构线条。

（2）突出画面的光影效果，能留纸白就不要用涂改液，涂改液只用在物体高光的部分。

第四，用钢笔再次把结构细节重新勾勒一遍。特别把物体明暗交界线、物体转折线、阴影等暗部用钢笔线条再次强调。

本章节共遴选出 47 幅优秀学生作品，欣赏借鉴如下。

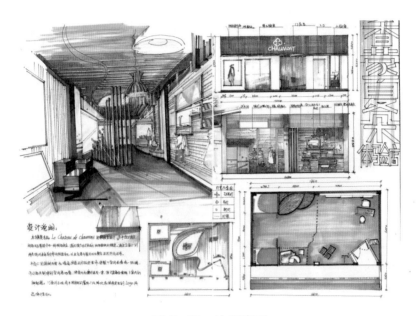

图 5-16 快题表现

（图片来源：云南财经大学现代设计艺术学院环境 15-1 范晓俊 绘）

图 5-17 快题表现

（图片来源：云南财经大学现代设计艺术学院环境 17-1 李婧文 绘）

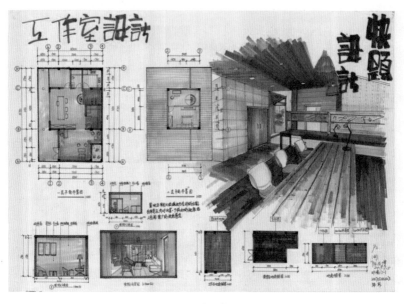

图 5-18　快题表现

（图片来源：云南财经大学现代设计艺术学院环境 17-1 陈苏　绘）

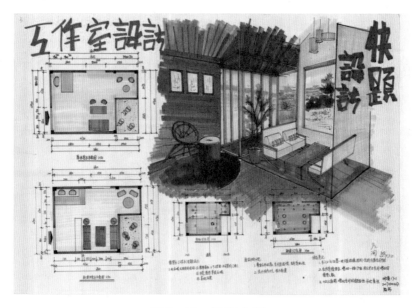

图 5-19　快题表现

（图片来源：云南财经大学现代设计艺术学院环境 17-1 陈苏　绘）

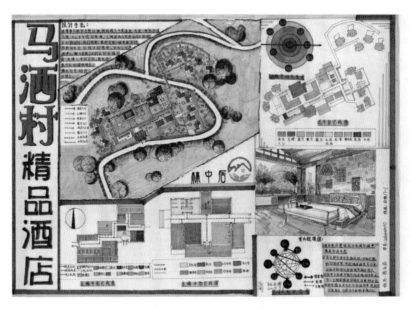

图 5-20 快题表现

（图片来源：云南财经大学现代设计艺术学院环境 17-1 陈亚茹 绘）

图 5-21 快题表现

（图片来源：云南财经大学现代设计艺术学院环境 17-1 陈亚茹 绘）

图 5-22　快题表现

（图片来源：云南财经大学现代设计艺术学院环境 17-1 戴仲清　绘）

图 5-23　快题表现

（图片来源：云南财经大学现代设计艺术学院环境 17-1 戴仲清　绘）

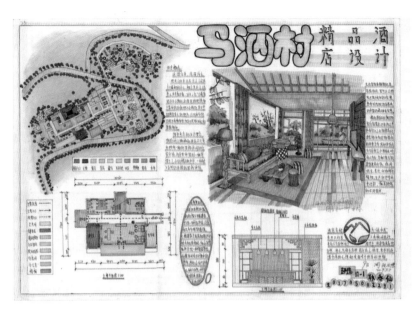

图 5-24　快题表现

（图片来源：云南财经大学现代设计艺术学院环境 17-1 耿乔仙　绘）

图 5-25　快题表现

（图片来源：云南财经大学现代设计艺术学院环境 17-1 耿乔仙　绘）

图 5-26　快题表现

（图片来源：云南财经大学现代设计艺术学院环境 17-1 李佳颖　绘）

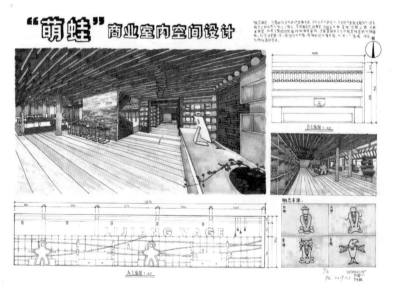

图 5-27　快题表现

（图片来源：云南财经大学现代设计艺术学院环境 17-1 李佳颖　绘）

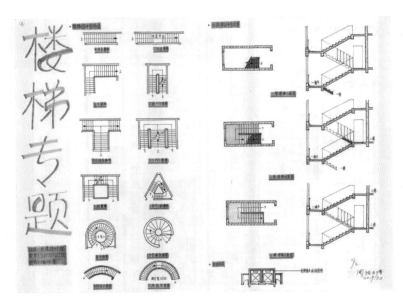

图 5-28　快题表现

（图片来源：云南财经大学现代设计艺术学院环境 17-1 秦子景　绘）

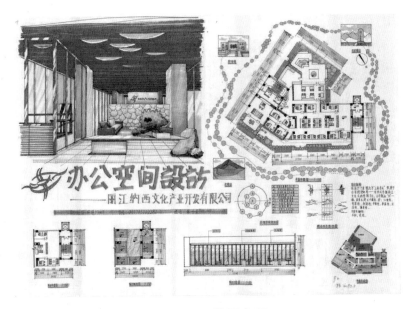

图 5-29　快题表现

（图片来源：云南财经大学现代设计艺术学院环境 17-1 秦子景　绘）

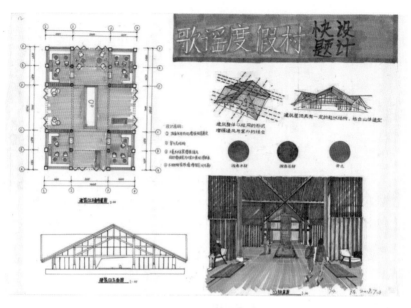

图 5-30　快题表现

（图片来源：云南财经大学现代设计艺术学院环境 17-1 秦子景　绘）

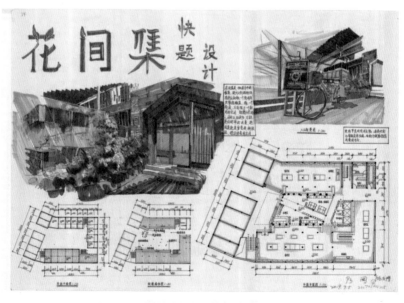

图 5-31　快题表现

（图片来源：云南财经大学现代设计艺术学院环境 17-1 同美霓　绘）

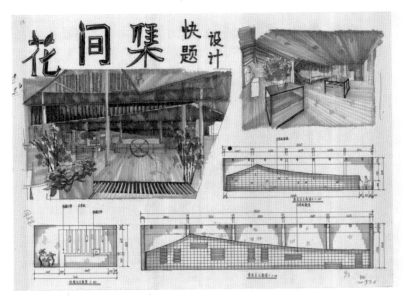

图 5-32　快题表现

（图片来源：云南财经大学现代设计艺术学院环境 17-1 同美霓　绘）

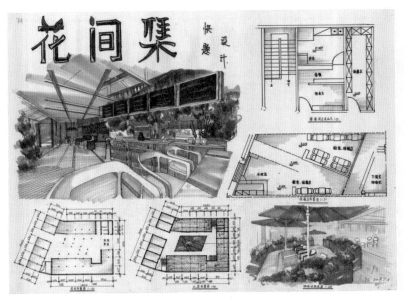

图 5-33　快题表现

（图片来源：云南财经大学现代设计艺术学院环境 17-1 同美霓　绘）

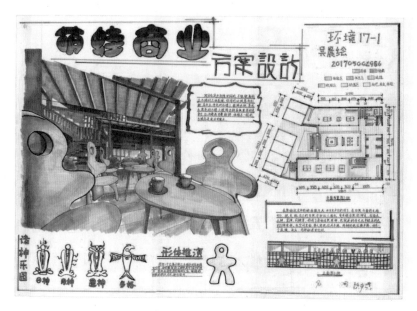

图 5-34　快题表现

（图片来源：云南财经大学现代设计艺术学院环境 17-1 吴晨绘　绘）

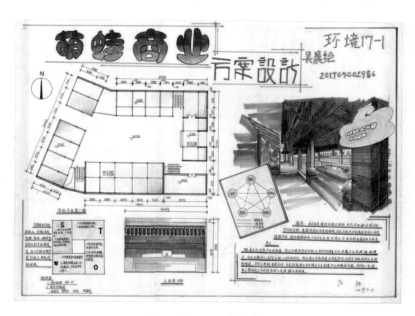

图 5-35　快题表现

（图片来源：云南财经大学现代设计艺术学院环境 17-1 吴晨绘　绘）

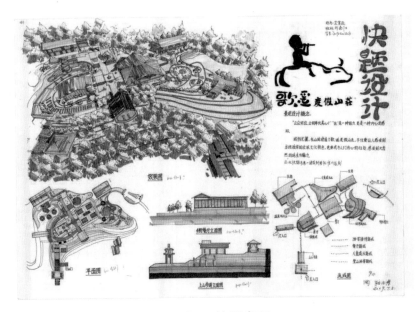

图 5-36 快题表现

（图片来源：云南财经大学现代设计艺术学院环境 17-2 吴雪姣 绘）

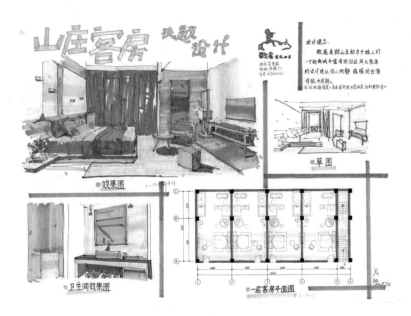

图 5-37 快题表现

（图片来源：云南财经大学现代设计艺术学院环境 17-2 吴雪姣 绘）

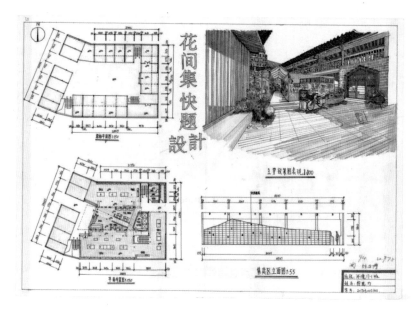

图 5-38　快题表现

（图片来源：云南财经大学现代设计艺术学院环境 17-1 杨恩巧　绘）

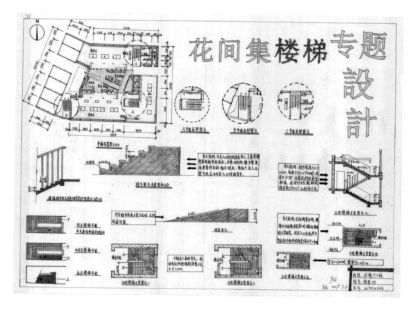

图 5-39　快题表现

（图片来源：云南财经大学现代设计艺术学院环境 17-1 杨恩巧　绘）

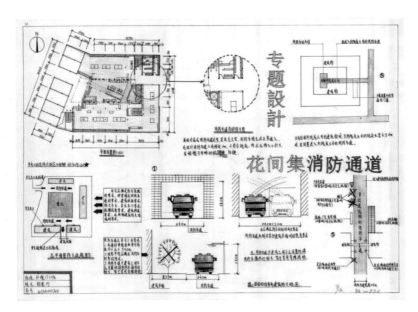

图 5-40 快题表现

（图片来源：云南财经大学现代设计艺术学院环境 17-1 杨恩巧 绘）

图 5-41 快题表现

（图片来源：云南财经大学现代设计艺术学院环境 17-1 张定丽 绘）

图 5-42　快题表现

（图片来源：云南财经大学现代设计艺术学院环境 17-1 张镶也　绘）

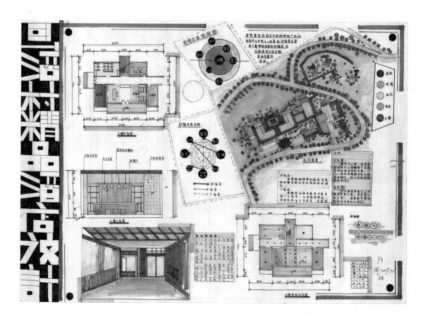

图 5-43　快题表现

（图片来源：云南财经大学现代设计艺术学院环境 17-1 张镶也　绘）

图 5-44 快题表现

（图片来源：云南财经大学现代设计艺术学院环境 17-2 康姗 绘）

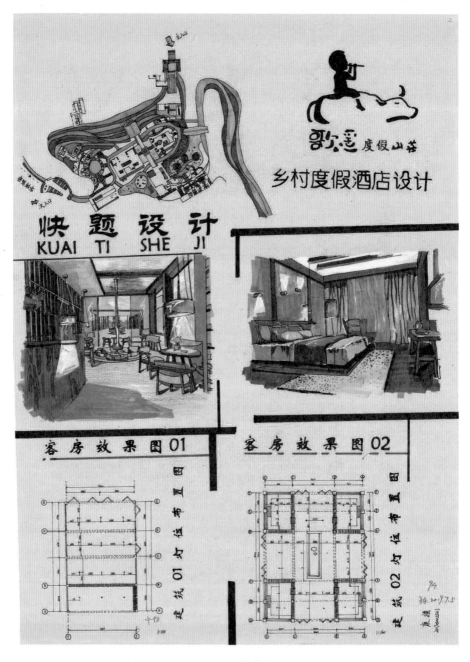

图 5-45　快题表现

（图片来源：云南财经大学现代设计艺术学院环境 17-2 康姵　绘）

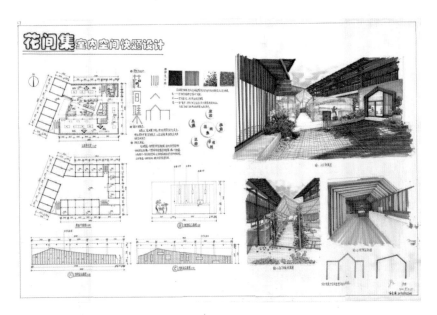

图 5-46　快题表现

（图片来源：云南财经大学现代设计艺术学院环境 17-2 李金雨　绘）

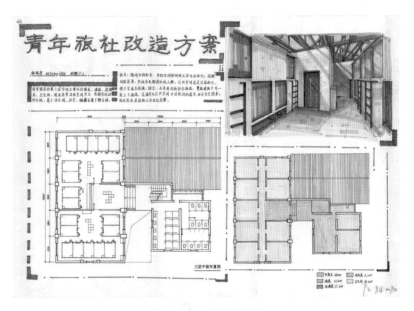

图 5-47　快题表现

（图片来源：云南财经大学现代设计艺术学院环境 17-2 林燕芳　绘）

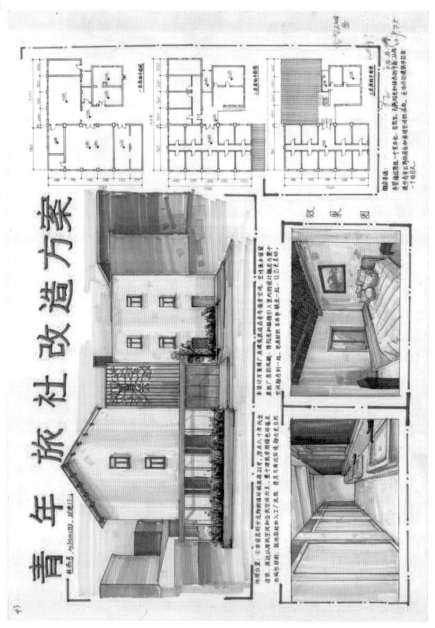

图 5-48 快题表现

（图片来源：云南财经大学现代设计艺术学院环境 17-2 林燕芳 绘）

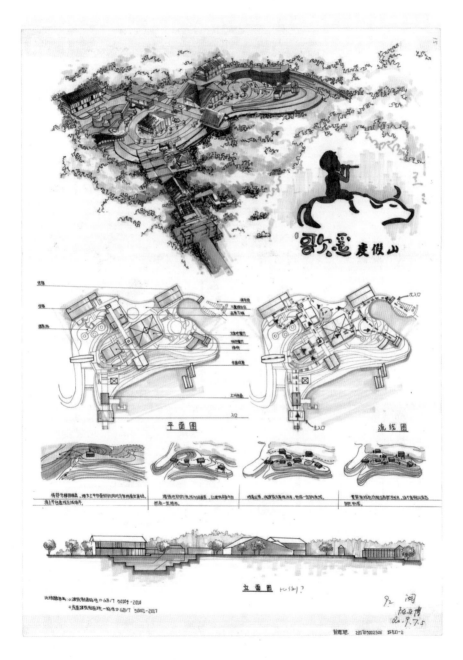

图 5-49　快题表现

（图片来源：云南财经大学现代设计艺术学院环境 17-2 刘燃燃　绘）

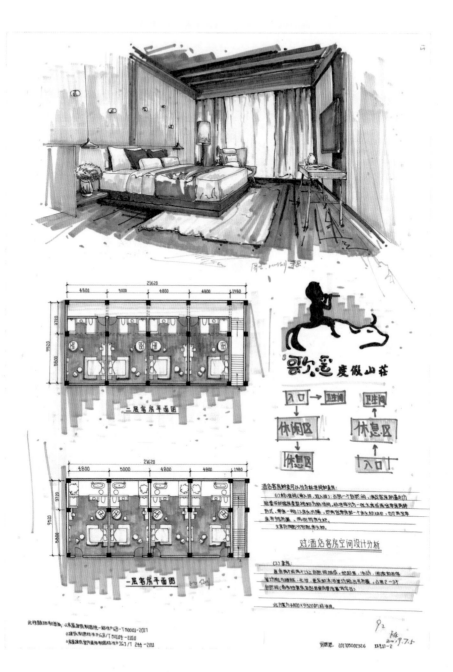

图 5-50　快题表现

（图片来源：云南财经大学现代设计艺术学院环境 17-2 刘燃燃　绘）

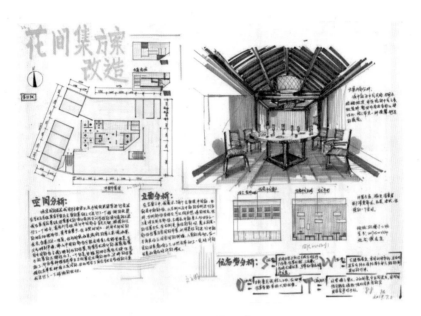

图 5-51 快题表现

（图片来源：云南财经大学现代设计艺术学院环境 17-2 濮永坚 绘）

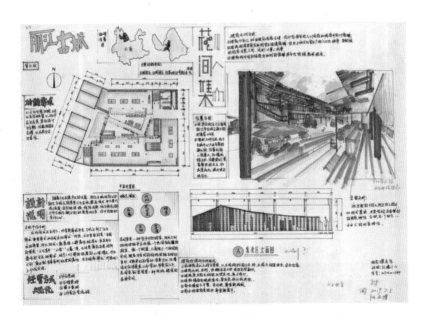

图 5-52 快题表现

（图片来源：云南财经大学现代设计艺术学院环境 17-2 濮永坚 绘）

图 5-53　快题表现

（图片来源：云南财经大学现代设计艺术学院环境 17-2 宋佳韵　绘）

图 5-54　快题表现

（图片来源：云南财经大学现代设计艺术学院环境 17-2 宋佳韵　绘）

图 5-55　快题表现

（图片来源：云南财经大学现代设计艺术学院环境 17-2 王小雨　绘）

图 5-56　快题表现

（图片来源：云南财经大学现代设计艺术学院环境 17-2 王小雨　绘）

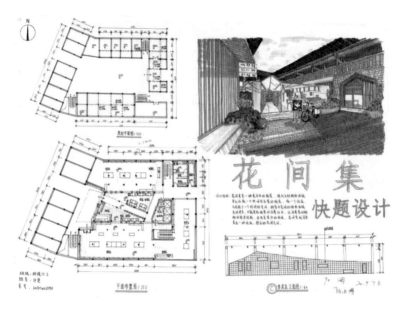

图 5-57　快题表现

（图片来源：云南财经大学现代设计艺术学院环境 17-2 许贤　绘）

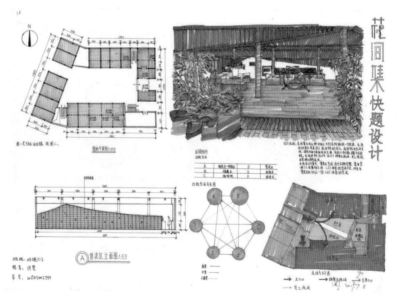

图 5-58　快题表现

（图片来源：云南财经大学现代设计艺术学院环境 17-2 许贤　绘）

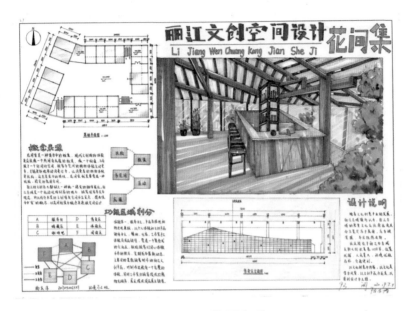

图 5-59　快题表现

（图片来源：云南财经大学现代设计艺术学院环境 17-2 杨庆洋　绘）

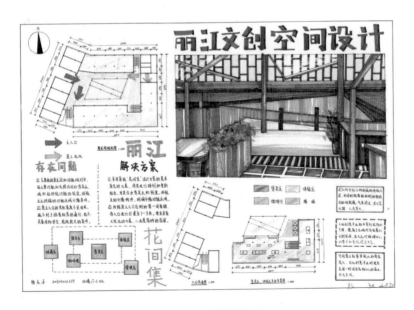

图 5-60　快题表现

（图片来源：云南财经大学现代设计艺术学院环境 17-2 杨庆洋　绘）

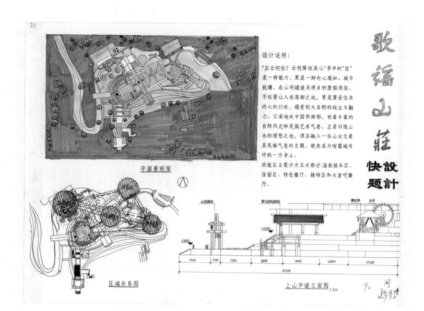

图 5-61　快题表现

（图片来源：云南财经大学现代设计艺术学院环境 17-2 张琼　绘）

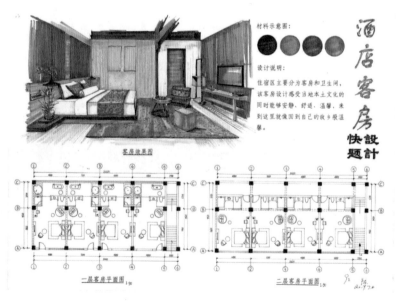

图 5-62　快题表现

（图片来源：云南财经大学现代设计艺术学院环境 17-2 张琼　绘）

附录：

快题表现需要掌握的制图规范 GB 知识点

说明的注意事项：快题表现所用到的国家规范如下——

第 1 本简称小白本规范：《房屋建筑制图统一标准 GB/T50001-2017》；

第 2 本简称小白本规范：《房屋建筑室内装饰装修制图标准 JGJ/T244-2011》；

第 3 本简称小白本规范：《建筑制图标准 GB/T50104-2010》；

第 4 本简称小黄本规范：《住宅设计规范图解 GB50096-2011》。

一、第一张：原始建筑图

√基础知识点（以下 10 个基础知识点是需要重点掌握的知识点）：

1. 幅面代号所对应的尺寸代号【第 1 本 P5】

2. 图框、标题栏和会签栏【第 1 本 P10 ~ P11】（图框、标题栏和会签栏知识点既是重点，又是难点）

难点：①图线线型——粗线、细线的层次分明（在 1.2 米或 1.5 米的水平位置进行水平方向的剖切，眼睛投射的视线垂直于地面，往下看所得到的图为正投影平面图，被水平剖切面所剖切到的建筑结构用粗线绘制，其他线型：越靠近水平剖切面的线用粗线 b、中粗 0.7b、中线 0.5b 绘制，越靠近地面的线用细线 0.25b 或者 0.15b 绘制）【第 2 本 P5】、【第 3 本 P3~P4】。

②图框用粗线绘制；会签栏外框线用粗线 b 绘制，里面的分隔线用细线 0.25b 绘制；标题栏外框线用粗线 b 绘制，里面的分隔线用 0.25b 绘制。

立式标题栏的宽度为 40 ~ 70mm，横式标题栏的高度为 30 ~ 50mm，一般常用 50mm。

③家具的线型用中线 0.5b 绘制，家具里面的图形和图例的填充线用细线 0.25b 绘制。

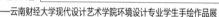

当 b=0.5 时，粗线用 0.5mm 绘制，中粗线用 0.35mm 绘制，中线用 0.25mm 绘制，细线用 0.13mm 绘制。

④长仿宋体字体的书写【第 1 本 P15】。

⑤图名的字高一般 6mm 或 7mm，图名下面要标出：一条粗线或者一条粗线和一条细线，比例可以写在粗线上面或者写在粗线的右侧端头。

⑥图框线与装订边之间的宽度 a=25mm；图框线与幅面线之间的宽度 c=5mm（A3、A4）和 10mm（A0、A1、A2）【第 1 本 P5】。

⑦标题栏和会签栏里面的信息要填写完整【第 1 本 P10】。

3. 平面图、立面图、左视图（右视图）的三视图绘制及排版位置的设计与安排。

长对正、高平齐、宽相等。

4. 常用建筑材料图例【第 1 本 P29～P31】

夯实土壤 2、砂、灰土 3、砂砾石、碎砖三合土 4、石材 5、毛石 6、实心砖、多孔砖 7、耐火砖 8、空心砖、空心砌块 9、饰面砖 11、混凝土 13、钢筋混凝土 14、木材 18、胶合板 19、石膏板 20、金属 21。

5. 尺寸标注的画法【第 1 本 P43～P47】

尺寸标注的画法既是基础知识点，又是难点。

尺寸标注的组成，包括尺寸界线、尺寸线、尺寸起止符号和尺寸数字。

①尺寸界线应用细实线绘制，应与被注长度垂直，其一端应离开图样轮廓线（尺寸界线起点偏移量）不小于 2mm，另一端宜超出尺寸线（尺寸界线超出尺寸线）2～3mm，注意图纸其他尺寸全部要保持一致。图样轮廓线可用作尺寸界线。

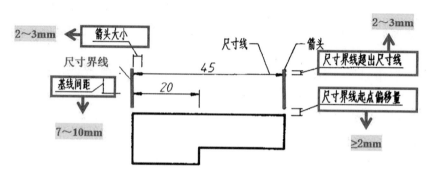

图 1　尺寸界线的画法

②尺寸起止符号（箭头）大小为 2 ~ 3mm，且用中粗斜短线绘制，倾斜方向应与尺寸界限成顺时针 45°，图纸其他尺寸全部要保持一致；轴测图中用小圆点表示尺寸起止符号，小圆点直径 1mm；半径、直径、角度与弧长的尺寸起止符号，宜用箭头表示，箭头宽度不小于 1mm。

③在绘制尺寸线的时候要注意用细实线绘制，应与被注长度平行，与尺寸界线垂直相交，但不宜超出尺寸界线外。建筑结构图样轮廓线以外的尺寸线，距图样最外轮廓线之间距离，不宜小于 10mm；平行排列的尺寸线与尺寸线之间的间距（基线间距），宜为 7 ~ 10mm，并且图纸其他尺寸全部要保持一致。固定长度的尺寸界线可以取值 10（8+2）~ 11（8+3）mm 这个范围值作为参考（有的设计公司有自己的设计规范内容，例如固定长度的尺寸界线长度取 5mm）。另外，相互平行的尺寸线，应从被注写的图样轮廓线由近向远整齐排列，较小尺寸应离轮廓线较近，较大尺寸应离轮廓线较远。

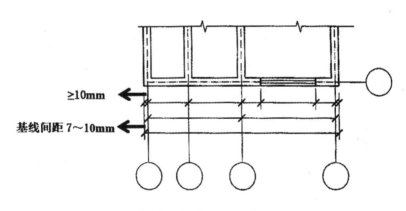

图 2　尺寸线的画法

④尺寸数字。尺寸数字注写在距离尺寸线上部 1mm 的位置且居中，如果没有足够的注写位置，最外边的尺寸数字可注写在尺寸界线的外侧，中间相邻的尺寸数字可上下错开注写，也可以用引用线表示标注尺寸的位置。

⑤尺寸宜标注在图样轮廓线以外，不宜与图线、文字及符号等相交。

⑥定位轴线。定位轴线的画法既是基础知识点，又是难点【第 1 本 P25~P26】。

定位轴线应用 0.25b 线宽的单点长画线绘制。

定位轴线通常使用在建筑施工图纸上面，它的使用原理相似于 XY 坐标轴系，可以在建筑施工现场精准定位出承重柱、承重墙体的 X 与 Y 的距离。定位轴线符合标准的位置是承重墙体的中轴位置，它由内向外标注出 3 个尺寸层次的关系，较小尺寸应离建筑轮廓线较近，较大尺寸应离轮廓线较远。

平面图上的定位轴线的编号，宜标注在图样的下方或左侧，横向编号应用阿拉伯数字，从左至右顺序编写；竖向编号应用大写拉丁字母，从下至上顺序编写，且拉丁字母全部采用大写字母，I、O、Z 不得用作轴线编号。即：定位轴线的 X 方向的轴线号全部采用阿拉伯数字 1，2，3，4……，Y 方向的轴线号全部采用大写英文字母。当字母数量不够使用时，可增用双字母或单字母加数字注脚。且编号应注写在轴线端部的圆内。圆应用 0.25b 线宽的实线绘制，直径宜 8 ~ 10mm。定位轴线圆的圆心应在定位轴线的延长线上或延长线的折线上。

如果绘制组合较复杂的平面图，定位轴线可采用分区编号，编号的注写形式应为"分区号 – 该分区定位轴线编号"，分区号宜采用阿拉伯数字或大写英文字母表示，如"1–1""1–A""2–1""2–A"。当采用分区编号或子项编号，同一根轴线有不止 1 个编号时，相应编号应同时注明。

6. 比例【第 1 本 P17】

比例尺 = 图上距离 / 实际距离

运用比例尺换算图上距离，并且会根据不同的排版设计和位置设计来灵活运用比例尺。

会运用三棱形比例尺，比例尺上面的单位是米。

绘图所用的比例，分为常用比例和可用比例。

常用比例有：1∶1、1∶2、1∶5、1∶10、1∶20、1∶30、1∶50、1∶100、1∶150、1∶200、1∶500、1∶1000、1∶2000，共 13 个。

可用比例有：1∶3、1∶4、1∶6、1∶15、1∶25、1∶40、1∶60、1∶80、1∶250、1∶300、1∶400、1∶600、1∶5000、1∶10000、1∶20000、1∶50000、1∶100000、1∶200000，共 18 个。

一般情况下，一个图样应选用一种比例，根据图上距离 = 实际距离 × 比例尺，实际距离是固定不变的，而可供选择的比例尺为上述 31 个，因此在快题表现的版面上根据图纸内容、大小、图纸代码等因素，学生就可以得到至少 31 种表现的快题方式。

7. 指北针【第 1 本 P23 ~ P24】

指北针的圆的直径宜为 24mm，用细实线绘制；指针尾部的宽度宜为 3mm，指北头部应注写"北"或"N"字。需要较大直径绘制指北针时，指针尾部的宽度宜为直径的 1/8。

8. 建筑结构

学生掌握的基本建筑结构有：砖混结构、框架结构、框架剪力墙结构、剪力墙结构。

难点：

①会识别砖混结构、框架结构、框架剪力墙结构、剪力墙结构的图纸。

②会用正确的粗线和细线来绘制墙体结构。

③框架结构或框剪结构的建筑施工顺序如下：

首先，做基础。桩基础、独立基础或条形基础，因为柱子竖向钢筋需要伸入基础，并且是一起浇筑混凝土。

其次，再施工一层的板、梁、柱（或剪力墙）时，注意一定要一起支模板，一起绑扎钢筋，然后一次性浇筑柱、梁、板的混凝土。

最后，注意非承重墙的砌筑时间，不是主体结构施工结束就马上开始砌筑非承重墙，而是要等主体结构养护期结束以后才开始砌筑，一般主体施工到 5~7 层，才开始从一层砌筑非承重墙体，最后进行抹灰装饰。

H（主梁）进深高度 ≈ 柱间距（跨度）/10 ~ 12，且主梁上面的次梁 H ≈ 200 ~ 240mm。

梁在原始建筑平面图上的画法：梁的位置因为在水平剖切面（1.2m 或 1.5m）以上，所以在原始建筑平面图上，梁可以用中粗的虚线来表示。

9. 标高【第 1 本 P53 ~ P54】

标高的画法既是基础知识点，又是难点。通常用在各类原始建筑平面图、原始顶棚图、拆建图、放线图、家具布置平面图（标高差的细线要绘制出来，如卫生间、生活阳台的地面存在 1% 的排水标高差，低于室内其他空间）、地面铺装图、天花顶棚图、立面图等进行标注。

①标高符号应以等腰直角三角形表示，用细线绘制，且等腰直角三角形的高度为 3mm。

②标高的单位是：米。

③标高符号的尖端应指至被注高度的位置。尖端宜向下，也可向上。标高数字应注写在标高符号的上侧或下侧。

④零点标高应注写为 ±0.000，正数标高不注"+"，负数标高应注"-"，例如 2.800、-0.300。

零点标高的界面是一个相对界面，对于这个知识点可以灵活掌握和运用。学

生把相对的室外标高、室内标高 2 个相对的标高值标注清楚即可。另外，室内标高与卫生间的标高存在标高差的时候，需要在卫生间的门符号旁边，把代表"标高差"的细线 0.25b 绘制出来。

10. 建筑制图的图例

烟道 14、风道 15、墙体 1、玻璃幕墙 3、楼梯 5、台阶 7、孔洞 10、单面开启单扇门 24（双面开启单扇门、双层单扇平开门）、单面开启双扇门 25、折叠门 26（推拉折叠门）、墙洞外单扇推拉门 27（墙洞外双扇推拉门、墙中单扇推拉门、墙中双扇推拉门）、门连窗 29、旋转门 30、固定窗 38、上悬窗 39、下悬窗 40、单层外开平开窗 43（单层内开平开窗）、单层推拉窗 44（双层推拉窗）、百叶窗 46【第 3 本 P6 ~ P20】。

送风口 1、排气扇 4、安全出口 6、防火卷帘 7、消防自动喷淋头 8、感温探测器 9、感烟探测器 10、室内消火栓 11、扬声器 12【第 2 本 P29 ~ P30】。

二、第二张：原始顶棚图

1. 把 1.2m 或者 1.5m 水平剖切面以上的物体结构，运用中粗线或中线虚线来表示。

2. 尺寸标注（同上）。

3. 标高（同上）。

标高标注的是顶棚到地面的高度、梁底面到地面的高度（或者顶棚高度减去梁的高度）。很多学生经常忘记标注，请仔细标注出来。

4. 建筑制图的图例（同上）。

三、第三张：拆建图

注意要把新建隔墙、拆除隔墙、新建落地窗、陶粒回填地坪的图例符号和文字说明标识出来。

拆除护栏、墙面找平、拆除玻璃移门等，用引出线标识清楚。

1. 引出线的画法【第 1 本 P22 ~ P23】、【第 2 本 P12】。

引出线运用细实线来绘制，采用水平方向的直线，或与水平方向成 30°、45°、60°、90° 的直线，并经上述角度再折成水平线。文字说明宜注写在水平线的上方，也可注写在水平线的端部。

多层构造或多层管道共用引出线，应通过被引出的各层，并用圆点示意对应各层次。文字说明的顺序应由上至下，并与被说明的层次对应一致；如层次为横向排序，则由上至下的说明顺序应与由左至右的层次对应一致。

引出线起止符号可采用圆点绘制，圆点大小 1mm，也可以采用箭头绘制。

2.尺寸标注（同上）。

3.建筑制图的图例（同上）。

四、第四张：放线图

1.尺寸标注（同上）。

2.内文的尺寸标注。对于新建墙体（围合空间作用，非承重作用），需要运用内文和尺寸进行标注。内文的字体高度 2.5mm，比外面的尺寸标注略小一点。

3.建筑制图的图例（同上）。

五、第五张：平面布置图

1.尺寸标注（同上）。

2.内文的文字。

内文的字体高度 3.5mm，比外面的图名字高 6mm 或 7mm，略小。

内文尽量写在一条水平方向上或者竖直方向上，常用的空间功能内文有：门厅、玄关、餐厅、厨房、卫生间、阳台、过道、客房、老人房、主卧室、次卧室、更衣室、儿童房、保姆房、储藏室等，字高用 3mm 或 3.5mm。

常用的家具功能的内文：装饰台、展示柜、六人餐桌、茶几、电视机、电视柜、冰箱、衣柜、床尺寸等，字高用 2mm 或 2.5mm。

注意：家具的尺寸大小以及距墙体的距离，需要通过内文的方式标注清楚。

3.门和窗的图例【第 3 本 P10 ~ P20】。

门的名称代号用 M 表示，它的类型通常有：单面开启单扇门（包括平开或单面弹簧）、双面开启单扇门（包括双面平开或双面弹簧）、双层单扇平开门、单面开启双扇门（包括平开或单面弹簧）、双面开启双扇门（包括双面平开或双面弹簧）、双层双扇平开门、折叠门、推拉折叠门、墙洞外单扇推拉门、墙洞外双扇推拉门、墙中单扇推拉门、墙中双扇推拉门、推杠门、门连窗、旋转门、两翼智能旋转门、自动门、折叠上翻门、提升门、分节提升门、人防单扇防护密闭门、人防单扇密闭门、人防双扇防护密闭门、人防双扇密闭门、横向卷帘门、竖向卷帘门、单侧双层卷帘门、双侧单层卷帘门，详细的门构造图例见第 3 本 P10 ~ P16。

窗的名称代号用 C 表示，它的类型通常有：固定窗、上悬窗、中悬窗、下悬窗、立转窗、内开平开内倾窗、单层外开平开窗、单层内开平开窗、双层内外开平开窗、单层推拉窗、双层推拉窗、上推窗、百叶窗、高窗、平推窗。

　　4. 建筑制图的图例（同上）。

　　5. 常用家具图例【第 2 本 P22 ~ P23】。

　　被水平剖切面剖切到的家具的绘制线型用：0.5b；在水平剖切面以下没有被剖切的家具及家具图案线、纹样线的线型用：0.25b。

　　6. 常用电器图例【第 2 本 P23】。

　　7. 常用厨具图例【第 2 本 P24】。

　　8. 常用洁具图例【第 2 本 P25 ~ P26】。

　　9. 室内常用景观配饰图例【第 2 本 P26 ~ P27】。

　　10. 套内楼梯【第 4 本 P52】。

　　套内楼梯当一边临空时，梯段净空不应小于 750mm；当两侧有墙时，墙面之间净宽不应小于 900mm，并应在其中一侧墙面设置扶手。

　　套内楼梯的踏步宽度不应小于 220mm；高度不应大于 200mm，扇形踏步转角距离扶手中心 250mm 处，宽度不应小于 220mm。

　　11. 公共楼梯【第 4 本 P64】。

　　公共楼梯的踏步宽度不应小于 260mm，踏步高度不应大于 175mm。扶手高度不应小于 900mm；当楼梯水平段栏杆长度大于 500mm 时，其扶手高度不应小于 1050mm；楼梯栏杆垂直杆件间净空不应大于 110mm。

　　楼梯平台净宽不应小于楼梯梯段净宽 1100mm，且不得小于 1200mm。

　　一楼半楼梯平台的结构下缘至人行通道的垂直高度不应低于 2000mm。

　　入口处地坪与室外地面应有高差，并不应小于 100mm。

　　12. 电梯、杂物梯和食梯的图例【第 3 本 P23】。

　　电梯应注明类型，并按实际绘出门和平衡锤或导轨的位置。如果考虑电梯机房设备产生的噪声、电梯井道内产生的振动、共振和撞击声对住户的干扰很大，可以采取隔声减震的措施，即在电梯轨道和井壁之间设置减震垫等。

六、第六张：地面铺装图

1. 尺寸标注（同上）。

2. 标高（同上）。

注意：标高和铺装的图案不能重叠，要把标高留出空隙。

3. 地面铺装材质的内文文字。

地面铺装材质的内文文字字高 2mm 或 2.5mm，并且注意内文不要和铺装图案重叠，要把字体留出空隙。

4. 铺装图例。

铺装的图例和文字说明要绘制清楚，图例可以写在图纸右下侧，或者写在"标题栏"的最上面"说明"框里面。

注意：很多设计方案当中，卧室入口的门槛石已经被铝制的封口条材料所替代。

七、第七张：天花布置图

1. 尺寸标注（同上）。

2. 标高（同上）。

天花和顶棚的标高，很多学生会忘记标注，请仔细标注出来，包括：上层楼板的标高、吊顶的标高等。

标高和天花材质的图案不能重叠，要把标高留出空隙。

3. 灯具在天花布置图上标注出来。

4. 天花的造型、大小和尺寸（距离左右、上下四个面的墙体的尺寸）需要运用内文的方式在天花布置图上面标注出来。

5. 门的孔洞线用细线表示。

门的孔洞线用细线 0.25b 表示，不用画门的符号。出现门的孔洞细实线，说明门的上部有墙体结构。

八、第八张：灯位布置图

1. 尺寸标注（同上）。

2. 灯具在天花布置图上标注出来。并且把灯与灯之间的距离、灯与墙壁之间的上下和左右的距离全部标注出来，内文标注的字高 2mm 或 2.5mm。

例如，筒灯之间的距离需要标注出来；起居室吊顶内的 LED 隐形灯带距吊顶外侧边缘线的距离等需要标注出来等。

3. 顶棚和天花的标高需要标注。

4. 灯具图例和文字标注清楚。

5. 常用灯光照明图例【第 2 本 P28 ~ P29】。

九、第九张：开关连线图

1.尺寸标注（同上）。

2.电器开关在开关连线图上标注出来，并且用连线将每个灯具和每个开关的连接方式画出来，例如豪放风格绘制开关连线：连线与连线之间不要交叉绘制，可以用圆括号线进行分隔；规则风格绘制开关连线：折线之间需要倒圆角130°。

3.电器开关图例和文字标注清楚，并且把开关距离地面的高度1350mm等标注出来。

4.常用灯光照明图例【第2本P28～P29】。

5.开关平面图例【第2本P32～P33】。

十、第十张：插座布置图

1.尺寸标注（同上）。

2.家具图例（同上）。

3.插座平面图例【第2本P32】。

电器插座图例和文字标注清楚，并且把开关距离地面的高度（H=300、H=600、H=800、H=850、H=1500、H=1600、H=2000）标注出来。

注意：有的插座具有防水功能，在图例当中绘制清楚。

十一、第十一张：立面索引图

基础知识点和难点：立面索引符号的识图和应用。

1.立面索引符号【第2本P8】

①立面索引符号的用途：表示室内立面在平面上的位置及立面图所在图纸编号（页码），应在平面图上使用立面索引符号。

②立面投视方向、立面编号、立面所在图纸编号标注清楚，特别是立面所在图纸编号要和标题栏里面的页码——对应。

③立面索引符号的画法：由圆圈、水平直径组成，且圆圈及水平直径应以细实线绘制。根据图面比例，圆圈直径可选择8～10mm。圆圈内的分子部分应注明方向编号或字母，分母部分应注写索引图的图纸编号或所在页码。立面索引符号应附以三角形箭头，且三角形箭头方向应与投射方向一致，圆圈中水平直径、数字及字母（垂直）的方向应保持不变。

2.剖切索引符号【第2本P9】

①剖切索引符号的用途：表示剖切面在界面上的位置或图样所在图纸编号

（页码），应在被索引的界面或图样上使用剖切索引符号。

②详图索引符号的用途：表示局部放大图样在原图上的位置及本图样所在页码，应在被索引图样上使用详图索引符号。

③剖切索引符号的画法：剖切索引符号和详图索引符号均应由圆圈、直径组成，圆及直径应以细实线绘制。根据图面比例，圆圈的直径可选择 8 ~ 10mm。圆圈内的分子部分应注明方向编号或字母，分母部分应注写索引图的图纸编号或所在页码。剖切索引符号应附三角形箭头，且三角形箭头方向应与圆圈中直径、数字及字母（垂直于直径）的方向保持一致，并应随投射方向而变。但是当投射方向朝下时，标注的编号和索引图所在页码的方向以"以人为本"、方便人阅读和审图的习惯进行剖切索引的标注，即分子为方向编号、分母为图纸编号。

3. 当引出图与被索引的详图在同一张图纸内时，应在索引符号的上半圆中用阿拉伯数字或字母注明该索引图的编号，在下半圆中间画一段水平细实线。

4. 当引出图与被索引的详图不在同一张图纸内时，应在索引符号的上半圆中用阿拉伯数字或字母注明该索引图的编号，在索引符号的下半圆中用阿拉伯数字或字母注明该详图所在图纸的编号。

5. 在平面图中采用立面索引符号时，应采用阿拉伯数字或字母为立面编号，代表各投射方向，并应以顺时针方向排序。

十二、第十二张：立面图

1. 尺寸标注（同上）。

2. 标高（同上）。

3. 索引符号（同上）。

4. 家具图例（同上）。

5. 引出线和文字说明（同上）。

6. 住宅污废水排水横管设置图示【第 4 本 P122 ~ 124】。

住宅的污废水的排水横管宜设于本层套内，即降低同层安装卫生间——降低楼板（现浇混凝土楼板），在卫生间沉坑内安装排水管和排水横支管，不穿越本楼层结构的楼板到下层空间。同层排水的优点：避免传统卫生间的漏水、噪声现象。彻底摆脱上下相邻楼层间的束缚，避免由于排水横管侵占下层住户空间而造成一系列的麻烦和隐患，如噪音干扰、渗漏滴水隐患、房屋产权明晰（管道检修、清理与疏通，可以在本套内进行解决，不干扰下层住户）。

设置淋雨器和洗衣机的部位应设置地漏，布置洗衣机的部位宜采用能防止溢流和干涸的专用地漏。洗衣机设在阳台上时，其排水不应排入雨水管。

地下室、半地下室中低于室外地面的卫生器具和地漏的排水管，不应与上部排水管连续，应设置集水设施用污水泵排出，目的是确保室外排水管道满流或发生堵塞时，不造成倒灌，以免污染室内环境，影响住户使用。

十三、轴测图【第 1 本 P39】

轴测图中，p、q、r 可分别表示 OX 轴、OY 轴、OZ 轴的轴向伸缩系数，用轴向伸缩系数控制轴向投影的大小变化。房屋建筑的轴测图宜采用正等轴测投影，并用简化轴向伸缩系数绘制，即 p=q=r=1。

轴测图的可见轮廓线宜用 0.5b 线宽的实线绘制，断面轮廓线宜用 0.7b 线宽的实线绘制。不可见轮廓线可不绘出，必要时可用 0.25b 线宽的虚线绘出所需部分。

室内轴测图的线性尺寸应标注在各自所在的坐标面内，尺寸线应与被注长度平行，尺寸界限应平行于相应的轴测轴，尺寸数字的方向应平行于尺寸线，如出现字头向下倾斜时，应将尺寸线断开，在尺寸线断开处水平方向注写尺寸数字。轴测图的尺寸起止符号宜用小圆点。

参考文献

［1］彭一刚．建筑绘画及表现图（第二版）．北京：中国建筑工业出版社．1999.

［2］夏克梁．夏克梁建筑风景钢笔速写（第1版）．上海：东华大学出版社，2011.

［3］夏克梁．夏克梁钢笔建筑写生与解析（第2版）．南京：东南大学出版社，2009.

［4］傅凯．建筑速写（第1版）．沈阳：辽宁教育技术出版社，2009.

［5］刘玉立．建筑速写与设计表现（第1版）．上海：同济大学出版社，2010.

［6］柳军．建筑速写（第1版）．北京：中国建筑工业出版社，2011.

［7］陈红卫．陈红卫手绘表现技法（第2版）（修订版）．上海：东华大学出版社，2018.

［8］李国胜，秦瑞虎，杨倩楠．室内快题设计方法与实例．北京：江苏凤凰科学技术出版社．2017.

［9］戴沈松．室内设计手绘效果图表现步步解［M］．北京：机械工业出版社，2015.

［10］庐山艺术特训营教研组．室内设计手绘表现［M］．沈阳：辽宁科学技术出版社，2017.

［11］庐山艺术特训营教研组．景观设计手绘表现［M］．沈阳：辽宁科学技术出版社，2017.

［12］邓蒲兵．室内空间意［M］．沈阳：辽宁科学技术出版社，2015.

［13］杨健，邓蒲兵．室内空间快题设计与表现［M］．沈阳：辽宁科学技术出版社，2013.

［14］邓蒲兵．室内快题范例解析［M］．沈阳：辽宁科学技术出版社，2013.

［15］潘俊杰，寇贞卫，岑志强.商业空间［M］.南昌：江西美术出版社，2013.

［16］陈红卫.陈红卫手绘表现技法［M］.上海：东华大学出版社，2013.

［17］陈红卫.陈红卫设计手绘视频课堂［M］.南昌：江西美术出版社，2012.

［18］何斌，陈锦昌，王枫红.建筑制图.北京：机械工业出版社.2016.

［19］中华人民共和国住房和城乡建设部.房屋建筑室内装饰装修制图标准JGJ/T244-2011 备案号 J1216-2011［M］.北京：中国建筑工业出版社，2012.

［20］中华人民共和国住房和城乡建设部.建筑制图标准 GB/T50104-2010［M］.北京：中国建筑工业出版社，2011.

［21］中华人民共和国住房和城乡建设部.房屋建筑制图统一标准 GB/T50001-2017［M］.北京：中国建筑工业出版社，2017.

［22］中华人民共和国住房和城乡建设部.住宅设计规范 GB50096-2011［M］.北京：中国建筑工业出版社，2012.

［23］赵健彬，雷一彬.住宅设计规范图解 GB50096—2011.北京：机械工业出版社，2014.

［24］赵健彬，玉崇恩.住宅建筑规范图解 GB50368—2005.北京：机械工业出版社，2011.

［25］吴运华，高远.建筑制图与识图（第 3 版）［M］.武汉：武汉理工大学出版社，2012.

［26］吴运华，高远.建筑制图与识图习题集（第 3 版）［M］.武汉：武汉理工大学出版社，2012.

［27］高祥生.装饰设计制图与识图（第二版）［M］.北京：中国建筑工业出版社，2012.

［28］赵晓飞.室内设计工程制图方法及实例［M］.北京：中国建筑工业出版社.2017.

［29］赵晓飞.室内设计工程制图：实际应用技巧——精品会所与特色餐饮［M］.北京：中国建筑工业出版社.2011.